BestMasters

Mit „BestMasters" zeichnet Springer die besten Masterarbeiten aus, die an renommierten Hochschulen in Deutschland, Österreich und der Schweiz entstanden sind. Die mit Höchstnote ausgezeichneten Arbeiten wurden durch Gutachter zur Veröffentlichung empfohlen und behandeln aktuelle Themen aus unterschiedlichen Fachgebieten der Naturwissenschaften, Psychologie, Technik und Wirtschaftswissenschaften. Die Reihe wendet sich an Praktiker und Wissenschaftler gleichermaßen und soll insbesondere auch Nachwuchswissenschaftlern Orientierung geben.

Springer awards "BestMasters" to the best master's theses which have been completed at renowned Universities in Germany, Austria, and Switzerland. The studies received highest marks and were recommended for publication by supervisors. They address current issues from various fields of research in natural sciences, psychology, technology, and economics. The series addresses practitioners as well as scientists and, in particular, offers guidance for early stage researchers.

Freyja Galina Daragan

Thermal Runaway von Lithium-Ionen-Batterien

Einflussfaktoren auf die Materialbeanspruchung druckfester Kapselungen

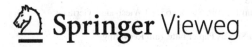 Springer Vieweg

Freyja Galina Daragan
Maschinenbau
Physikalisch-Technische Bundesanstalt
Braunschweig, Deutschland

ISSN 2625-3577   ISSN 2625-3615 (electronic)
BestMasters
ISBN 978-3-658-47105-7   ISBN 978-3-658-47106-4 (eBook)
https://doi.org/10.1007/978-3-658-47106-4

Die Deutsche Nationalbibliothek verzeichnet diese Publikation in der Deutschen Nationalbibliografie; detaillierte bibliografische Daten sind im Internet über https://portal.dnb.de abrufbar.

Planung/Lektorat: Friederike Lierheimer
Springer Vieweg ist ein Imprint der eingetragenen Gesellschaft Springer Fachmedien Wiesbaden GmbH und ist ein Teil von Springer Nature.
Die Anschrift der Gesellschaft ist: Abraham-Lincoln-Str. 46, 65189 Wiesbaden, Germany

Wenn Sie dieses Produkt entsorgen, geben Sie das Papier bitte zum Recycling.

Danksagung

Mein Dank richtet sich zunächst an die Physikalisch-Technische Bundesanstalt und die Arbeitsgruppe 3.55 „Regenerative Energieträger und -speicher", die mir den Zugang zu dieser Thematik und die Anfertigung dieser Arbeit ermöglicht haben. Auch bei dem Projektpartner R.STAHL AG sowie Bernd Limbacher möchte ich mich für die Bereitstellung jeglicher Informationen sowie vieler Versuchsmaterialien bedanken. Des Weiteren bedanke ich mich bei Herrn Prof. Dr. Kwade für die bereitwillige Übernahme des Gutachtens.

Meiner wissenschaftlichen Betreuung, bestehend aus Stefanie Spörhase und Alexander Hahn, bin ich zu großem Dank verpflichtet. Ohne die ständige Bereitschaft jede noch so kleine Frage zu beantworten und mir mit fachlichem und grundsätzlichem Rat zur Seite zu stehen, wäre aus dieser Arbeit niemals die geworden, die sie nun ist.

Auch für die konstruktiven Gespräche mit Herrn Dr. Stefan Essmann und Herrn Dr. Jens Brunzendorf, durch die ich so manche fachliche Hürde habe meistern können, bin ich sehr dankbar.

Für die ununterbrochene Hilfe, das gemeinsame Durchführen aller Versuche und Durchstehen jeglicher Zicken des Versuchsaufbaus möchte ich mich bei Amiriman Kianfar bedanken. Wärst du nicht da gewesen, wäre ich an so manch einem Tag wahrscheinlich verrückt geworden. Auch Fabian Reitmeier sowie Marc Shields bin ich für die Ratschläge, Hilfe und den schier endlosen Vorrat an technischer Ausstattung dankbar, die ich habe benutzen dürfen. Auch der Werkfeuerwehr und Stefan Büsing gilt mein Dank, für das Zurverfügungstellen technischer Schutzausrüstung.

Mein Dank geht auch an alle, die meine Arbeit Korrektur gelesen haben. Die kleinen Fehler, für die man so gerne blind wird, hätte ich ohne euch sicher übersehen.

Im Besonderen bedanke ich mich bei meiner Familie und meinen Freunden für die kontinuierliche Unterstützung, für das Ohr, dass ihr mir in schwierigen Situationen geliehen habt und für die bestärkenden Worte. Speziell meiner Mutter TinaMaria Daragan möchte ich für die vielen lieben Worte und den Ansporn danken.

Und da das Beste bekanntlich zum Schluss kommt: Danke Leon Kimmritz, dass du auch um drei Uhr nachts bereit warst meine Ideen zu diskutieren, dass du mich immer und immer wieder aufgebaut und inspiriert hast und wenn alles zu viel wurde, einfach für mich da warst.

Kurzfassung

Trotz diverser Sicherheitsmaßnahmen auf Zell- und Systemebene kann bei Lithium-Ionen-Batterien (LIB) das „thermische Durchgehen" bzw. der „Thermal Runaway" (TD bzw. TR) auftreten, welcher im Brand und/oder der Explosion der LIB enden kann. In explosionsgeschützten Bereichen geht hiervon eine besonders große Gefahr aus. Um dieses Risiko zu minimieren, kommen Zündschutzarten entsprechend der Norm IEC 60079-0, wie die „druckfeste Kapselung", zum Einsatz. Auftretende Materialbelastungen durch den TR in einer druckfesten Kapselung können durch verschiedene Faktoren beeinflusst werden. In dieser Arbeit werden drei Volumina unter auftretendem TR von LIB (NMC-811) durch Überhitzung untersucht. In einem nächsten Schritt werden Versuche bei zusätzlicher Bereitstellung eines Brenngas-Luft-Gemisches im Gehäuseinneren (Propan (C_3H_8) bzw. Wasserstoff (H_2)) durchgeführt.

Anhand der Untersuchungen wurde festgestellt, dass der entstehende Druck nicht ausschließlich von dem Gehäusevolumen, sondern insbesondere von der inneren Oberfläche abhängig ist. Eine Vergrößerung der Oberfläche wirkt demnach druckentlastend. Die Überlagerung des TR durch eine Gasexplosion führt hingegen verglichen mit dem TR unter Luftatmosphäre zu einem Anstieg der Materialbelastung. Bei allen Versuchen herrscht ein proportionales Verhalten zwischen der Systemenergie und der relativen Druckenergie.

Abstract

Despite various safety measures at cell and system level, "thermal runaway" (TR) can occur in lithium-ion batteries (LIB). This can result in fire and/or explosion of the LIB, which represents a particularly high risk in explosion-protected areas. To minimize this risk ignition protection types in accordance with the IEC 60079-0 standard, such as "flameproof enclosure", are used. Material stresses caused by the TR in a flameproof enclosure can be influenced by various factors. In this study three different volumes are analyzed under TR of LIB (NMC-811) due to overheating. Subsequently tests are carried out with the additional provision of a fuel/air mixture inside the housing (propane (C_3H_8) or hydrogen (H_2)).

Based on these experiments it could be established that the resulting pressure is not only dependent on the housing's volume but in particular on the internal surface area. An increase in the surface area therefore has a pressure-relieving effect. The superimposition of the TR by a gas explosion, on the other hand, leads to an increase in material stress compared to the outcome under air atmosphere conditions. Across all tests a proportional behaviour between the system energy and the relative pressure energy could be observed.

Formelzeichen mit Einheit

Abkürzung	SI-Einheit	Verwendete Einheit	Erläuterung
A	m^2	m^2	Querschnittsfläche
α	$N \cdot m^{-1} \cdot s^{-1} \cdot K^{-1}$	$W \cdot m^{-2} \cdot K^{-1}$	Wärmeübergangskoeffizient
A/V	m^{-1}	m^{-1}	Oberfläche-Volumen-Verhältnis
C	As	Ah	Kapazität
c	$J \cdot kg^{-1} \cdot K^{-1}$	$J \cdot kg^{-1} \cdot K^{-1}$	Spezifische Wärmekapazität
d	m	m	Materialstärke/ Abstand
d_n	$m \cdot kg^{-1/3}$	$m \cdot kg^{-1/3}$	Skalierter Abstand
$dp/dt|_{max}$	$N \cdot s^{-1} \cdot m^{-2}$	$bar \cdot s^{-1}$	Maximale Anstiegsrate (MAR)
E_i	$N \cdot m$	J	Energie
ε_R	$/$	$\%$	Emissionsgrad
ε	$m \cdot m^{-1}$	$\mu m \cdot m^{-1}$	Materialdehnung
Φ	$/$	$\%$	Gemischzusammensetzung
ΔH	$J \cdot kg^{-1}$	$J \cdot kg^{-1}$	Heizwert
I	A	A	Stromstärke
η_i	$/$	$\%$	Explosionseffizienz Komponente i
k	$/$	$/$	k-Faktor
K_G	$N \cdot m^{-1} \cdot s^{-1}$	$bar \cdot m \cdot s^{-1}$	Deflagrationsindex/ K_G-Faktor
l	m	m	Länge

(Fortsetzung)

(Fortsetzung)

Abkürzung	SI-Einheit	Verwendete Einheit	Erläuterung
λ	$N \cdot s^{-1} \cdot K^{-1}$	$W \cdot m^{-1} \cdot K^{-1}$	Wärmeleitfähigkeit
MIT	K	°C	Selbstentzündungstemperatur
n	mol	mol	Stoffmenge
p	$N \cdot m^{-2}$	bar	Druck
P	$N \cdot m \cdot s^{-1}$	W	Leistung
$\dot{Q}_i$	$N \cdot m \cdot s^{-1}$	W	Wärmestrom bzw. Leckagerate
Q_n	$A \cdot s$	$A \cdot h$	Nominale Kapazität
q_x	$N \cdot m^{-1} \cdot s^{-1}$	$W \cdot m^{-2}$	Wärmestromdichte
R	Ω	Ω	Elektrischer Widerstand
ΔR	Ω	Ω	Widerstandsänderung
R_{th}	$K \cdot s \cdot N^{-1} \cdot m^{-1}$	$K \cdot W^{-1}$	Thermischer Widerstand
σ	$N \cdot m^{-1} \cdot s^{-1} \cdot K^{-4}$	$W \cdot m^{-2} \cdot K^{-4}$	Stefan-Boltzmann Konstante
t	m	mm	Wandstärke
T	K	°C	Temperatur
U	J	J	Innere Energie
V	m^3	m^3	Volumen
W	kg	kg	TNT-Äquivalent

Inhaltsverzeichnis

Abkürzungsverzeichnis

Abkürzungen und Akronyme

Abkürzung	Erläuterung
Al	Aluminium
C_3H_8	Propan
Co	Cobalt
CO	Kohlenstoffmonoxid
CO_2	Kohlenstoffdioxid
DAZ	Druckanstiegszeit
d/Ex-d	Druckfeste Kapselung
DMS	Dehnungsmessstreifen
Fe	Eisen
H_2	Wasserstoff
HF	Flusssäure
LFP	Lithium-Eisen-Phosphat
Li	Lithium
LIB	Lithium-Ionen-Batterie
MAR	Maximale Anstiegsrate
MIT	Selbstentzündungstemperatur
Mn	Mangan
MW	Mittelwert
NCA	Lithium-Nickel-Cobalt-Aluminium-Dioxid
Ni	Nickel

NMC	Lithium-Nickel-Mangan-Cobalt-Oxid
NSH	Normalspannungshypothese
O_2	Sauerstoff
OEG	Obere Explosionsgrenze
PE	Polyethylen
PP	Polypropylen
SEI	solid electrolyte interphase
Si	Silizium
SoC	Ladezustand/State of Charge
TD/TR	Thermisches Durchgehen/Thermal Runaway
UEG	Untere Explosionsgrenze

Abbildungsverzeichnis

Tabellenverzeichnis

Einleitung und Motivation 1

Lithium-Ionen-Batterien (LIB) sind als flexible und effiziente Energietechnologie in aller Munde [1–3]. Durch hohe Energie- und Leistungsdichten bei geringer Größe ermöglichen sie einen Einsatz über ein breites Spektrum an Anwendungen, sodass sich diese Technologie in Form kleiner Akkumulatoren bis hin zu Automobilbatterien überall finden lässt [2, 4, 5]. Im Allgemeinen stellen LIB eine sichere Art der Energiespeicherung dar, was sich in der geschätzten Ausfallwahrscheinlichkeit von 1:1.000.000 bzw. 1:10.000.000 widerspiegelt. Das Wissen über die tatsächlichen Ausfallraten ist jedoch begrenzt [6, 7]. Aufgrund der vielen Einsatzgebiete nimmt die Anzahl an LIB weltweit zu. Infolgedessen steigt auch die Zahl an Unfällen, welche mit dem thermischen Durchgehen (TD) bzw. dem Thermal Runaway (TR) einhergehen. Allein innerhalb der Jahre 2016 bis 2022 verfünffachten sich die Vorfälle, welche umso gravierendere Folgen mit sich bringen, je höher die Energiedichte der LIB ausfällt [1, 8, 9]. Der TR beschreibt die exothermen Reaktionen verschiedener Bestandteile der LIB untereinander, welche zur Selbsterwärmung und in Folge dessen zum Brand oder der Explosion der LIB führen [2, 10, 11]. Hieraus resultieren mechanische, thermische und chemische Belastungen für die Peripherie [1, 12–14]. Der TR stellt insbesondere dann ein hohes Risiko dar, wenn die die LIB umgebende Gasatmosphäre ein brennbares bzw. explosives Gemisch enthält. Ein TR in solcher Umgebung, beispielsweise einem Bergwerk, kann durch die freiwerdende Energie, heiße Partikel und Funken zu einer Entzündung der gesamten umgebenden Brenngas-Luft-Atmosphäre und somit einem massiven Anstieg des ausgelösten Schadens führen [15, 16].

© Der/die Autor(en), exklusiv lizenziert an Springer Fachmedien Wiesbaden GmbH, ein Teil von Springer Nature 2025
F. G. Daragan, *Thermal Runaway von Lithium-Ionen-Batterien*, BestMasters, https://doi.org/10.1007/978-3-658-47106-4_1

Um den TR zu verhindern, kommen bereits diverse Strategien zum Einsatz, die sowohl auf Zell- als auch auf Systemebene greifen. Dazu zählen beispielsweise Shutdown-Separatoren, aber auch Batterie- und Thermomanagementsysteme (BMS bzw. TMS), welche den sicheren Betrieb der LIB aufrechterhalten sollen [4, 5]. Da es aber dennoch zum TR kommen kann, werden in explosionsgeschützten Bereichen weitere Maßnahmen notwendig. Die Norm IEC 60079-0 sieht hierfür sogenannte Zündschutzarten vor, zu denen auch die „druckfeste Kapselung" zählt [17]. Bei dieser Zündschutzart handelt es sich um ein die LIB umgebendes Gehäuse, welches dem Schutz der Umgebung vor den Folgen des TR dient [18, 19]. Druckfeste Kapselungen zeichnen sich unter anderem durch eine hohe Wandstärke aus. Diese befähigt sie großen Materialbelastungen standzuhalten [18, 20–22]. Die auftretende Materialbelastung durch den TR hängt dabei direkt vom freien Gasvolumen der Kapselung ab. Insbesondere kleine Volumina führen zu hohen Drücken [19, 23].

Unklar ist, ob sich dementsprechend durch eine reine Volumenerhöhung die Materialbelastung reduzieren lässt, oder ob weitere Einflussfaktoren existieren, deren mangelnde Berücksichtigung eine kritische Materialbelastung zur Folge haben könnte. Auch der realitätsnahe Fall des simultanen Auftretens einer Gasexplosion eines umgebenden Brenngas-Luft-Gemisches und des TR ist von Interesse, da das Zusammentreffen beider Phänomene in explosionsgefährdeten Bereichen wahrscheinlich ist. In diesem Fall könnte die Überlagerung von Gasexplosion und TR ebenfalls zu einer kritischen Materialbelastung führen. Um einer solchen kritischen Materialbelastung vorzubeugen, können auch konstruktive Wege wie Druckentlastungselemente eingeschlagen werden, deren Funktionsweise z. B. auf der Ausnutzung von Wärmeübertragungsphänomenen oder der Abgabe überschüssiger Reaktionsgase an die Umwelt basiert [18, 24, 25]. Bislang wurden Druckentlastungselemente noch nicht im Fall eines TR einer LIB eingesetzt. Sie bieten aber großes Potential die Sicherheit druckfester Kapselungen durch eine Druckreduktion zu erhöhen. Zudem bestünde so die Möglichkeit zur Verkleinerung der druckfesten Kapselung, sodass Material und Platz eingespart werden könnten. Zu klären gilt es aber zunächst, ob Druckentlastungselemente erfolgreich zur Verringerung der Materialbelastung einer druckfesten Kapselung eingesetzt werden können.

Diese Arbeit dient dem Ziel, ein analytisches Verständnis der Materialbelastung sowie deren Ursachen bei verschiedenen Randbedingungen aufzubauen. Das Hauptaugenmerk liegt hierbei auf den Einflussfaktoren Volumen und Atmosphäre im Gehäuse. Zu diesem Zweck wird die Belastung anhand von Druck und Temperatur bei der Variation des freien Volumens, der Zusammensetzung der Gasatmosphäre sowie unter Einsatz von Druckentlastungselementen untersucht.

Theoretische Grundlagen 2

Anhand der folgenden Abschnitte erfolgt eine Einführung in die theoretischen Hintergründe der Lithium-Ionen-Zelle im Betriebs- und Fehlerfall (TR) sowie der „druckfesten Kapselung" als mögliche Zündschutzart nach der Norm IEC 60079-0. Im Zuge dessen werden auch Druckentlastungselemente als konstruktive Lösung zur Druckverringerung näher beleuchtet. Des Weiteren erfolgt die Erläuterung grundlegender Energieübertragungsmechanismen in Form von Wärme- und Massenstrom sowie einer vereinfachten Energiebilanz des TR unter realen Bedingungen.

2.1 Die Lithium-Ionen-Zelle

Unter einer „Zelle" wird im Allgemeinen ein Zusammenschluss zweier Elektroden entgegengesetzter Polarität verstanden, welche durch einen Separator voneinander getrennt und durch den Elektrolyt wiederum ionisch leitfähig miteinander verbunden werden. Umschlossen wird dieses System durch ein Gehäuse [4]. Gebräuchlich ist zudem der Terminus der „Batterie". Allerdings ist eine klare Unterscheidung zwischen Zelle und Batterie häufig nicht möglich. Einerseits kann die Verbindung mehrerer Zellen als Batterie verstanden werden [4]. Anhand der Norm IEC 60079-0 definiert sich eine Batterie aber als die Gesamtheit aller notwendigen Einrichtungen, welche eine oder mehrere Zellen umschließen inklusive der Zellen selbst [17]. In dieser Arbeit wird daher für eine bessere Verständlichkeit der Begriff Zelle verwendet.

© Der/die Autor(en), exklusiv lizenziert an Springer Fachmedien Wiesbaden GmbH, ein Teil von Springer Nature 2025
F. G. Daragan, *Thermal Runaway von Lithium-Ionen-Batterien*, BestMasters,
https://doi.org/10.1007/978-3-658-47106-4_2

Im Falle einer Lithium-Ionen-Zelle stellt das Austauschion Lithium (Li) dar. Durch dessen hohen Energiegehalt bei gleichzeitig geringer Größe resultieren Zellen mit hoher Energiedichte sowie Lade- und Entladeeffizienz. Gleichzeitig neigen solche Zellen kaum zur Selbstentladung. Dadurch eignen sich Li-Ionen-Zellen für eine Vielzahl an Anwendungen [4, 26, 27].

Die Konstruktion solcher Zellen dient dem Ziel der elektrochemischen Energiespeicherung durch die Umwandlung zweier Energieformen, der chemischen und der elektrischen, ineinander [28]. Hierfür sind die oben genannten Komponenten Elektrode, Elektrolyt und Separator entscheidend. Die gegensätzlich geladenen Elektroden werden als Kathode und Anode bezeichnet. Typische Kathodenmaterialien bestehen zumeist aus metallischen Mischoxiden, wohingegen sich die Anode in der Regel aus Graphit zusammensetzt. Die Zuweisung der Begriffe ist elektrochemischen Ursprungs und basiert auf der stattfindenden Reduktions- (Kathode) oder Oxidationsreaktion (Anode). Ausschlaggebend ist somit das elektrochemische Potential der Elektrode, welches sich in Abhängigkeit davon, ob geladen oder entladen wird, verändert. Für gewöhnlich wird das Entladen als Definitionsgrundlage genutzt, wie es in Abbildung 2.1 zu sehen ist. Da während des Entladens Li-Ionen oxidiert und in die Kathode eingelagert werden, weist diese gegenüber der Anode ein positives Potential auf, weshalb der Begriff „Kathode" mit dem positiven und „Anode" mit dem negativen Pol gleichgesetzt wird [4].

Als geeignetes Medium für den Transport von Li-Ionen kommen verschiedene Elektrolyte in Frage. Diese können flüssig oder fest sein und zeichnen sich durch eine gute ionische Leitfähigkeit aus. Damit es zwischen den Elektroden nicht zu einem elektrischen Kurzschluss kommt, wird ein Separator vorgesehen. Nebst der elektrischen Isolation kann dieser auch Schutzfunktionen erfüllen, beispielsweise in Form eines Shutdown-Separators. Wird eine materialspezifische Temperatur überschritten, schmilzt der Separator und es verschließen sich dessen Poren. Infolgedessen wird der Ladungsaustausch verhindert [4].

Häufig wird die Charakterisierung einer Zelle anhand spezifischer Kriterien vorgenommen. Darunter fallen z. B.:

- Die Zellchemie
- Die nominale Kapazität
- Die C-Rate
- Die Lade- und Entladeschlussspannung
- Der Ladezustand/ State of Charge (SoC)

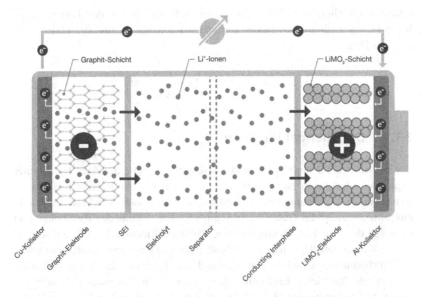

Abbildung 2.1 Prinzipdarstellung einer Li-Ionen-Zelle während des Entladevorgangs [4]

In Abhängigkeit von der Materialzusammensetzung der Elektroden erfolgt die Einteilung von Zellen in verschiedene Zellchemien. Weit verbreitet sind hierbei z. B. Li-Eisen-Phosphat (LiFePO$_4$, LFP), Li-Nickel-Cobalt-Aluminium-Dioxid (LiNi$_{0,8}$Co$_{0,15}$Al$_{0,05}$O$_2$, NCA) oder Li-Nickel-Mangan-Cobalt-Dioxid (LiNi$_{1-y-z}$Mn$_y$Co$_z$O$_2$, NMC), wobei sich bei letzterer die Variablen y und z auf die Verhältnisse von Mn und Co zu Ni beziehen. Häufig genutzte Möglichkeiten stellen beispielsweise 1/3:1/3:1/3, 0,6:0,2:0,2 und 0,8:0,1:0,1 dar [13, 15]. Der Begriff der nominalen Kapazität beschreibt die zur Verfügung stehende Ladungsmenge in Amperestunden (Ah) [13]. Als Bruchteil dieser wird die C-Rate bzw. der Lade-/Entladestrom in Ampere (A) angegeben [4, 29]. Das Laden und Entladen der Zelle erfolgt allerdings nur bis zu bestimmten, von der Zellchemie abhängigen, Spannungsgrenzen, der Lade- oder Entladeschlussspannung in Volt (V) [13]. Die Zellspannung stellt hierbei die Potentialdifferenz zwischen den Elektroden dar. Im Betrieb nimmt diese häufig Werte von 2,2–4,2 V an [4]. Gebräuchlich für die Quantifizierung der Ladung, welche aktuell in der Zelle gespeichert ist, ist der State of Charge. Dieser kann zwischen minimal 0 % und maximal 100 % liegen, wobei 100 % mit dem Erreichen der Ladeschlussspannung assoziiert wird [13, 30]. Die Berechnung des momentanen SoCs zum Zeitpunkt *t* kann nach Gleichung (2.1) anhand des SoC zu Beginn des Ladevorgangs *SoC(t-1)*, des Ladestroms *I(t)*, der nominalen Kapazität Q_n und der Ladezeit Δt erfolgen [31].

$$SoC(t) = SOC(t-1) + \frac{I(t)}{Q_n} \cdot \Delta t \qquad (2.1)$$

2.1.1 Der Thermal Runaway

Der Begriff des TR umfasst die starke Selbsterwärmung einer Zelle bis zu einer Explosion oder einem Brand [10, 11]. Aufgrund der exothermen Reaktionen, welche in der Zelle auftreten, kommt es zu wiederholter Gasfreisetzung. Die Zusammensetzung des Gases ist abhängig von den ablaufenden Reaktionen und kann aus diversen Kohlenwasserstoffen, Kohlenstoffmonoxid (CO) und -dioxid (CO_2), Wasserstoff (H_2) und Fluorverbindungen wie Fluorwasserstoff (HF) bestehen. Insbesondere letzterer stellt aufgrund der Toxizität ein Risiko dar. Aber auch durch die leichte Entflammbarkeit der anderen Bestandteile besteht ein akutes Gefahrenpotential [1, 12]. Durch den Auswurf heißer Rückstände aus dem Zellinneren, welche häufig kanzerogen sind, besteht ebenfalls eine Gefahr [1, 13].

Innerhalb eines geschlossenen Behältnisses steigt infolge des Temperaturanstiegs und der Gasentwicklung auch der Druck *p* und es entsteht ein Überdruck [1, 12]. Dieser Druckanstieg verhält sich entsprechend dem idealen Gasgesetz nach Gleichung (2.2) proportional zur Temperatur *T*, der Stoffmenge *n* und der allgemeinen Gaskonstante *R*. Zu dem Volumen des Behältnisses *V* besteht hingegen eine Antiproportionalität [32].

$$p = \frac{n \cdot R \cdot T}{V} \qquad (2.2)$$

Da die Menge freiwerdenden Gases durch die Masse der Elektroden und des Elektrolyts begrenzt ist, endet der TR und somit auch der Druckanstieg nach kurzer Zeit. Im Anschluss kommt es zu einem Absinken des Drucks, einerseits durch die Kondensation gasförmiger Reaktionsprodukte aufgrund des Verlusts thermischer Energie an die Peripherie und andererseits durch den Massenverlust aufgrund möglicher Leckage [14, 19, 23].

In verschiedenen Literaturbeispielen können einige Charakteristika zur Analyse des TR identifiziert werden. Darunter fallen einerseits solche, deren Beobachtung die Zelle selbst betrifft, wie die Temperatur der Zelloberfläche und deren Verlust an Masse. Andererseits können auch die Auswirkungen auf die Umgebung anhand des maximalen Drucks p, dessen Anstiegszeit (DAZ) und zugehöriger maximaler Anstiegsrate $\mathrm{d}p/\mathrm{d}t|_{max}$ (MAR) beurteilt werden [12]. Letztere weist eine Proportionalität zum Verhältnis der inneren Gehäuseoberfläche A zum Gehäusevolumen V (A/V-Verhältnis) nach dem kubischen Gesetz (Gleichung (2.3)) auf [33].

$$\frac{\mathrm{d}p}{\mathrm{d}t}\Big|_{max} \cong \frac{A}{V} = \frac{1}{\sqrt[3]{V}} \tag{2.3}$$

Aussagen über die Intensität des TR können auf mehreren Wegen erfolgen. Nach der Norm IEC 60079-1 werden der maximale Explosionsdruck und die DAZ als Maß verwendet, wobei eine Verringerung der DAZ einer Verschärfung des TR entspricht [18, 20]. Auch hier besteht eine Abhängigkeit zum Volumen. Um eine Angabe der Intensität des TR ohne einen Volumenbezug machen zu können, wird der K_G-Faktor nach Gleichung (2.4) definiert. Der K_G-Faktor stellt hierbei den auf ein Volumen von $1\,\mathrm{m}^3$ normierten Druckanstieg dar, welcher sich antiproportional zur Anstiegsrate und dem Volumen verhält [33, 34]. Für diesen gilt, dass ein größerer K_G-Faktor einer Verschärfung des TR entspricht [19, 33].

$$K_G = \frac{\mathrm{d}p}{\mathrm{d}t}\Big|_{max} \cdot \sqrt[3]{V} = \mathrm{const.} \tag{2.4}$$

Es bestehen drei Möglichkeiten, den TR zu induzieren: mechanisch, thermisch oder elektrisch. In Abhängigkeit des gewählten Auslösemechanismus fällt der resultierende TR unterschiedlich aus. Der thermische Weg des Überhitzens führt beispielsweise zu weniger Gasfreisetzung und verringerter Toxizität des Gases als es bei einer Überladung der Fall wäre [12]. Auch zum verwendeten Versuchsvolumen kann ein Zusammenhang hergestellt werden, da die mit dem Volumen steigende Sauerstoffmenge maßgebliche Auswirkungen auf gemessene Temperaturen, die Kinetik exothermer Oxidationsreaktionen der Elektrolytbestandteile sowie den resultierenden Explosionsdruck hat [33].

2.1.2 Überhitzung als Auslösemechanismus des TR

Die Beschreibung des TR durch Überhitzung kann in vier Stufen durchgeführt werden, welche im Folgenden mit 1 bis 4 bezeichnet werden [11]. Voraussetzung für die hier aufgeführten Punkte ist die Abgeschlossenheit des Versuchsgehäuses.

1 Erhitzen

Zunächst wird die Zelle erhitzt und es steigen, wie in Abschnitt 2.1.1 beschrieben, die Temperatur und der Druck nach Gleichung (2.2). Innerhalb dieser Phase wird noch kein Gas freigesetzt [11].

2 Öffnung des Sicherheitsventils

Durch den kontinuierlichen Anstieg der Zelltemperatur kommt es zu chemischen Reaktionen einiger Bestandteile mit geringer thermischer Beständigkeit. Dieser Prozess beginnt zunächst mit der Zersetzung der sogenannten „solid electrolyte interphase" (SEI), einer Schutzschicht auf der Oberfläche der Anode. Ab Temperaturen von 80 °C finden Reaktionen verschiedener organischer und anorganischer Bestandteile der SEI miteinander statt [13]. Zwischen 90–120 °C fängt auch das interkalierte Li an unter Gasfreisetzung mit Bestandteilen der SEI zu reagieren [11, 13]. Diese Reaktionen dauern bis zum vollständigen Zusammenbruch der SEI an. Ohne die schützende SEI kann der Elektrolyt an der Anodenoberfläche reduziert werden und es entstehen weitere gasförmige Reaktionsprodukte [13]. In Folge der Gasfreisetzung resultiert ein Druckanstieg. Überschreitet der Druck im Inneren der Zelle den Grenzwert des Sicherheitsventils, öffnet sich dieses und das entstandene Gas wird freigesetzt. Dieser Vorgang zeigt sich in einem Anstieg des Drucks im Inneren des Gehäuses [11].

3 Gasfreisetzung

Durch den weiteren Anstieg der Zelltemperatur beginnt der Separator unter Emission von Gasen zu schmelzen. Für typische Materialien wie Polyethylen und Polypropylen findet dies ab Temperaturen > 130 °C statt [35]. Ist der Separator hinreichend degeneriert, entsteht ein direkter Kontakt zwischen den Elektroden und somit ein interner Kurzschluss. Dieser ermöglicht die Freisetzung der gespeicherten elektrischen Energie und deren Umwandlung in Wärme [11, 36]. Ab Temperaturen von 220 °C beginnen sich die Oxide des Kathodenmaterials zu zersetzen, wodurch Sauerstoff generiert wird. Der Sauerstoff führt wiederum zu der exothermen Oxidation des Elektrolyts und demzufolge zu einer Erhöhung der Temperatur und des Drucks durch entstehendes Gas bzw. die dabei freiwerdende

Energie [13, 36]. Durch die kontinuierliche Freisetzung entflammbarerer gasförmiger Reaktionsprodukte und deren Mischung mit Luftsauerstoff wird die untere Explosionsgrenze (UEG) des Gemischs erreicht [11].

4 Explosion
Aufgrund der starken Wärmeentwicklung durch den Kurzschluss und diverse chemische Reaktionen kommt es schließlich zum TR mit einer starken Gasfreisetzung [14]. Hierdurch steigt der Druck rasant an. Häufig wird die metallische Zellhülle zerstört, sodass heiße Partikel ausgeworfen werden können. Wurde die UEG des Gasgemisches im Gehäuse erreicht, kann es so zu einer Verbrennung oder Explosion kommen, was eine weitere Druckerhöhung bewirkt [11].

Bei den Angaben von Zersetzungstemperaturen einzelner Komponenten muss beachtet werden, dass die tatsächliche Temperatur zu Beginn des TR teils unterhalb diesen liegt. Dieses Verhalten ist das Resultat dessen, dass sich die oben genannten Reaktionen überlagern und gegenseitig beeinflussen [13].

2.2 Die „druckfeste Kapselung" als Zündschutzart

„Druckfeste Kapselungen", oft bezeichnet mit den Abkürzungen „d" oder „Ex-d", fallen nach der Norm IEC 60079-0 unter sogenannte Zündschutzarten [17]. Ihr Einsatz dient dem Schutz einer explosionsfähigen Umgebung vor der Entzündung durch eine Zündquelle, welche sich im Inneren der druckfesten Kapselung befindet [18]. Eine solche Zündquelle könnte eine Zelle darstellen, welche zum TR gebracht wurde [19].

2.2.1 Grundlagen

Nach der Norm IEC 60079-1 müssen drei Konstruktionsbedingungen erfüllt sein, damit ein Gehäuse der Zündschutzart der druckfesten Kapselung entspricht. Diese lauten:

- Hinreichende Druckfestigkeit
- Zünddurchschlagsicherheit
- Beschränkung der Außenwandtemperatur

Um der Bedingung der Druckfestigkeit zu genügen, wird meist eine hohe Wandstärke vorgesehen, sodass einer im Inneren auftretenden Explosion und dem resultierenden Druck standgehalten werden kann [20]. Zünddurchschlagssicherheit bezeichnet die Fähigkeit, Funken oder Flammen derart abzukühlen, dass ein Austritt aus dem Gehäuse und ein Kontakt zur Atmosphäre außerhalb des Gehäuses verhindert werden. Die notwendige Kühlung wird durch geeignete Auslegung der Spalte hinsichtlich deren Länge und Weite erreicht [18, 20, 25]. Da eine explosionsfähige Atmosphäre eine Selbstentzündungstemperatur aufweist, darf diese nicht erreicht werden. Aufgrund dessen muss die Außenwandtemperatur stets unterhalb der Selbstentzündungstemperatur liegen, da es sonst zu einer Explosion kommen kann [17, 18]. Für den Nachweis der Erfüllung aller Kriterien sind in der Norm IEC 60079-1 Prüfverfahren spezifiziert. Die druckfeste Kapselung wird immer dann verwendet, wenn Funkenschlag und hohe Temperaturen durch den Betrieb notwendiger Komponenten auftreten können [37]. Soll eine Analyse der Belastung des Gehäusematerials vorgenommen werden, bieten sich thermische und mechanische Messgrößen an. Darunter fallen beispielsweise auftretende Temperaturen sowie deren Veränderung über die Gehäusewandung hinweg oder der durch eine Explosion ausgelöste Druck und dessen Anstiegszeit [20, 37].

2.2.2 Druckentlastungselemente

Um die Beanspruchung des Gehäusematerials bei einer auftretenden Explosion zu verringern, können konstruktive Wege wie Druckentlastungselemente eingeschlagen werden. Ziel dieser ist eine Reduktion des maximal auftretenden Drucks, sodass eine Überschreitung des zulässigen Drucks ausgeschlossen wird. Dies bietet nebst einer vergrößerten Sicherheit den Vorteil, dass teilweise eine Verringerung der Wandstärke des Behälters und somit des Eigengewichts und Gehäusevolumens erreicht werden kann [25, 38]. Zudem besteht die Möglichkeit, zusätzlich zur Druckenergie auch thermische Energie über Druckentlastungselemente abzuführen. Dadurch entsteht ein zusätzlicher Flammenschutz. Eine solche Konstruktion stellen beispielsweise Elemente zur zünddurchschlagssicheren Druckentlastung nach IEC 60079-1 dar, bei der die Energiewandlung über Metallgitter erreicht wird [18, 21, 38]. Die Anwendung solcher Metallgitter im Gehäuseinneren zur Druckentlastung über eine Erhöhung der aktiven inneren Oberfläche ist ebenfalls möglich [24].

Als wichtiger Parameter für die Auslegung von Druckentlastungselementen gilt die sogenannte effektive Entlastungsfläche [25]. Eine Vergrößerung der aktiven Oberfläche im Inneren des Gehäuses führt zu einer Druckreduktion [24].

Ihre Größe kann allerdings zu Herausforderungen führen. Wird sie zu groß ausgelegt, kann es zur Bildung turbulenter Strömungen kommen, was in höheren Drücken und größeren MAR resultieren kann, als ohne Druckentlastungselemente entstehen würden [39]. Durch eine solche turbulente Druckentlastung kann es zusätzlich zu oszillierenden Druckverläufen und Druckspitzen kommen. Dieses durch eine Vorkompression ausgelöste Phänomen wird als „pressure piling" bezeichnet und führt zu einer erhöhten Materialbelastung [20].

2.2.3 Die Leckagerate

Der Verlust von Druckenergie an die Peripherie eines unter Überdruck stehenden Behältnisses kann auch „unabsichtlich" erfolgen, sofern sich am Behältnis Lecks finden lassen. Ein Leck beschreibt hierbei eine Öffnung, durch die das Ausströmen von Gas aus dem Behälterinneren ermöglicht wird. Zur Beschreibung des Druckverlustes durch solche Öffnungen wird die Leckagerate $\dot{Q}_{Leck}$ herangezogen. Diese ist nach Gleichung (2.5) als das Volumen V multipliziert mit dem Verhältnis der Druckänderung Δp über ein festes Zeitinterfall Δt definiert. Als Einheit wird typischerweise mbar $\cdot$ l $\cdot$ s^{-1} verwendet, was der Einheit einer Leistung entspricht [40].

$$\dot{Q}_{Leck} = V \cdot \frac{\Delta p}{\Delta t} \qquad (2.5)$$

Die Quantifizierung der Leckagerate kann durch verschiedene Verfahren erfolgen wie beispielsweise die Druckänderungsverfahren. Für unter Druck stehende Behältnisse bietet sich der Druckabfalltest an. Bei diesem Verfahren wird das Behältnis durch ein Gas mit einem Überdruck beaufschlagt und anschließend der Druckabfall über ein definiertes Zeitintervall gemessen. Insbesondere Temperaturschwankungen während der Messzeit können das Ergebnis stark beeinflussen, weshalb diese möglichst konstant gehalten werden sollte [40, 41].

2.3   Grundlegende Kenngrößen von Brenngas-Luft-Gemischen

Genauso wie der TR einer Zelle stellt die Explosion eines Brenngas-Luft-Gemisches eine exotherme Reaktion dar. Als Definition für den Begriff der Explosion dient die eigenständige Flammenausbreitung [33]. Dementsprechend erfolgt auch bei solch einer Explosion die Beschreibung der Auswirkungen durch die bereits bekannten Größen des maximalen Explosionsdrucks, der DAZ oder MAR sowie des K_G-Faktors. Die MAR dient als Kenngröße für die Heftigkeit der Explosion und ist vom gewählten Brenngas abhängig [33]. Im Unterschied zum TR findet der Druckanstieg einer Gasexplosion schneller statt, sodass die Ausbreitung der entstehenden Druckwelle teilweise nicht mehr als homogen angesehen werden kann [42].

Darüber hinaus spielen einige andere Größen eine Rolle. Damit die Zündung eines Brenngas-Luft-Gemisches erfolgen kann, müssen beide Komponenten in geeigneten Konzentrationen vorliegen. Diese Konzentrationen werden durch die untere und obere Explosionsgrenze (UEG und OEG) beschrieben, welche spezifisch für das Brenngas sind. Der Bereich, den sie eingrenzen, wird als Explosionsbereich oder Zündgebiet bezeichnet. Nur wenn das Verhältnis der Konzentrationen in diesem Bereich liegt, kann sich eine Explosion eigenständig ausbreiten. Die Größe des Zündgebiets ist von einigen Faktoren wie der Zündenergie, der Temperatur und dem Vordruck abhängig [33].

Um die maximalen Werte hinsichtlich Druck und MAR zu erreichen, sollten die Konzentrationsverhältnisse von Brenngas und Luft nahe dem sogenannten stöchiometrischen Verhältnis liegen. Des Weiteren kann es bei Überschreitung einer gewissen Temperatur einer Oberfläche, der Selbstentzündungs- oder Zündtemperatur, zu einer Entzündung des explosiven Gemisches kommen [42].

2.4   Energiebetrachtung

Energie kann einem System in verschiedenen Formen zu- oder abgeführt werden. Als Möglichkeiten bestehen Wärme, Arbeit und der Transfer von Masse. Im Wesentlichen sind die möglichen Energieformen dadurch beschränkt, ob es sich um ein geschlossenes oder abgeschlossenes System handelt, wobei anhand des Energie- und Masseübertrags über die Systemgrenze unterschieden wird. Findet beides statt, handelt es sich um ein offenes System, wird nur Energie übertragen um ein geschlossenes System und wird weder noch übertragen um ein abgeschlossenes System. Außerdem spielt die zeitliche Veränderlichkeit (instationär) oder Konstanz der Zustandsgrößen (stationär) eine Rolle. Im Folgenden wird auf die verschiedenen Möglichkeiten der Wärmeübertragung, die Energiespeicherung sowie den ersten Hauptsatz der Thermodynamik für geschlossene Systeme eingegangen [32, 43].

2.4.1 Mechanismen der Wärmeübertragung

Die Wärmeübertragung kann auf drei Arten erfolgen: durch Wärmeleitung, Konvektion und Wärmestrahlung. Für alle aufgeführten Formeln gilt die Annahme stationärer, also zeitlich unveränderlicher, Bedingungen, was gleichbedeutend mit einem konstanten Wärmestrom ist [43].

Der Wärmestrom durch Leitung ist das Resultat eines Energieübertrags zwischen Atomen oder Molekülen aufgrund ihrer Aktivität. Leitung innerhalb eines Festkörpers wird durch Gitterschwingungen durch die Bewegung einzelner Atome beschrieben. Mathematisch kann der so entstehende Wärmestrom durch eine eindimensionale ebene Wand homogenen Materials mit dem Fourierschen Gesetz berechnet werden (vgl. Gleichung (2.6)). Dieses lautet:

$$\dot{q}_x^{n} = -\lambda \cdot \frac{dT}{dx} \qquad (2.6)$$

$\dot{q}_x^{n}$ entspricht der Wärmestromdichte in x-Richtung, λ der Wärmeleitfähigkeit des Materials und dT/dx dem Temperaturgradienten in x-Richtung. Unter der Annahme stationärer Bedingungen und eines linearen Temperaturgradienten kann der Wärmestrom $\dot{Q}_L$ vereinfacht nach Gleichung (2.7) berechnet werden, wobei A die betrachtete Fläche, d_A deren Dicke und ΔT den Temperaturunterschied zwischen den Seiten der Platte darstellt [43].

$$\dot{Q}_L = \lambda \cdot \frac{A}{d_A} \cdot \Delta T \qquad (2.7)$$

Die Wärmeübertragung durch Konvektion beschreibt zunächst einmal den Energieübertrag durch Diffusion, sprich die zufällige Bewegung von Teilchen, und den Übertrag, welcher durch die makroskopische Bewegung eines Fluids ausgelöst wird. Strömt ein heißes Fluid an einer kalten Wand entlang, kommt es nach Gleichung (2.8) zu der Ausbildung eines Wärmestroms $\dot{Q}_K$, bei dem Energie aus dem Fluid an die Wand abgegeben wird. A stellt die angeströmte Fläche, T_∞ die Temperatur des freien Fluidvolumens und T_i die Oberflächentemperatur der Wand dar [43].

$$\dot{Q}_K = \alpha \cdot A \cdot (T_\infty - T_i) \qquad (2.8)$$

Aufgrund des zugrundeliegenden Transportmechanismus, der die Bewegung einzelner Teilchen erfordert, ist die Konvektion im Vergleich zur Leitung, bei der keine Massen bewegt werden müssen, langsam. Kennzeichnend für den konvektiven Wärmeübertrag ist der Wärmeübergangskoeffizient α. Allerdings ist eine genaue Kenntnis über diesen Koeffizienten schwer zu erlangen, da er Abhängigkeiten zu diversen anderen Größen wie der Art der Strömung oder den Eigenschaften der Oberfläche der Wand aufweist [43]. Unter der Annahme freier Konvektion, sprich reiner Auftriebsphänomenologie, ausgelöst durch Dichteunterschiede im Fluid aufgrund des Temperaturgradienten, kann in Gasen ein ungefährer Bereich für α von 2,5–25 $W \cdot m^{-2} \cdot K^{-1}$ angenommen werden [44].

Bei thermischer Strahlung handelt es sich um Energie, welche Materie aussendet, sobald sie eine Temperatur ungleich dem absoluten Nullpunkt aufweist. Die ausgesandte Strahlung ist das Ergebnis einer Veränderung der Elektronenkonfiguration der Atome oder Moleküle, aus welchen der betrachtete Körper besteht. Der Energieübertrag $\dot{Q}_R$ (vgl. Gleichung (2.9)) einer kleinen heißen Oberfläche mit der Temperatur T_s auf eine wesentlich größere kalte Oberfläche, welche die kleine vollständig umgibt (Temperatur T_{sur}), kann aus dem Stefan-Boltzmann Gesetz abgeleitet werden, wobei σ die Stefan-Boltzmann Konstante bezeichnet [43].

$$\dot{Q}_R = \varepsilon_R \cdot \sigma \cdot \left(T_s^4 - T_{sur}^4\right) \tag{2.9}$$

Der Emissionsgrad ε_R ist wie der Wärmeübergangskoeffizient aufgrund der Abhängigkeiten von Oberflächenbeschaffenheit und Material für jedes System spezifisch. Verändert sich die Oberfläche des Weiteren durch Verunreinigungen, ist der Emissionsgrad zeitlich nicht mehr konstant, sodass eine Angabe schwer möglich ist. Häufig wird die Wärmeübertragung durch Strahlung mit der Begründung vernachlässigt, dass ihr Beitrag im Vergleich zu denen von Leitung und Konvektion klein ausfällt [43]. Ein weiterer Vergleich der Wärmeüberträge miteinander kann anhand des thermischen Widerstands R_{th} durchgeführt werden. Dieser ist nach Gleichung (2.10) als das Verhältnis der Temperaturdifferenz ΔT und dem mit ΔT assoziierten Wärmestrom $\dot{Q}$ definiert [43].

$$R_{th} = \frac{\Delta T}{\dot{Q}} \tag{2.10}$$

2.4.2 Die Energiespeicherung

Wird ein Körper mit der Masse m_K und einer spezifischen Wärmekapazität c_K einer Umgebungstemperatur ausgesetzt, welche von der Temperatur des Körpers selbst abweicht, beginnt dieser Energie durch Wärmeübertragung aufzunehmen oder abzugeben. Die Energie des Körpers ändert sich um den Wert E_K. Die Energieänderung kann mittels Gleichung (2.11) quantifiziert werden. Die Größe ΔT_K entspricht der Temperaturdifferenz, um die sich die Temperatur des Körpers ändert [32, 43].

$$E_K = m_K \cdot c_K \cdot \Delta T_K \qquad (2.11)$$

2.4.3 Der erste Hauptsatz der Thermodynamik

Die in einem geschlossenen System über den Zeitraum des TR gespeicherte Energie E_{st} kann nach dem ersten Hauptsatz der Thermodynamik (Energieerhaltungssatz) in Energiezufluss E_{in} und Energieabfluss E_{out} eingeteilt werden. Die zugehörige Energiebilanz ist in Gleichung (2.12) dargestellt [32, 43].

$$E_{st} = E_{in} - E_{out} \qquad (2.12)$$

Wird das System kontinuierlich von innen erhitzt, wird über die Systemgrenze Energie zugeführt. Die so eingetragene Energie E_H kann aus der Integration der Leistung des genutzten Heizelements P_H über die Zeit t berechnet werden (vgl. Gleichung (2.13)).

$$E_H = \int P_H \, dt \qquad (2.13)$$

Befindet sich in diesem System eine Zelle, setzt diese bei fortschreitender Erhitzung aufgrund diverser exothermer Reaktionen ebenfalls Energie frei (vgl. Abschnitt 2.1.2). Die dadurch freiwerdende Energiemenge E_Z kann nach Gleichung (2.14) mit den Größen Zellmasse m_Z, Wärmekapazität der Zelle c_Z, Maximaltemperatur der Zelloberfläche T_{max} und Temperatur zu Beginn des TR T_{TR} bestimmt werden. Dabei gilt es allerdings zu beachten, dass die verwendete Formel das Vorhandensein einer adiabaten Umgebung voraussetzt

[45–47]. Bei der Anwendung auf nicht adiabate Umgebungsbedingungen kommt es zu einer Verringerung der Energie im Vergleich zu Literaturwerten, da die Wärmeübertragung an die Umgebung berücksichtigt werden muss.

$$E_Z = m_Z \cdot c_Z \cdot (T_{max} - T_{TR}) \tag{2.14}$$

Die Energieeinträge E_H und E_Z bewirken einen Anstieg der dem System zugeführten Energie E_{in}. Befindet sich zusätzlich ein Brenngas/Luft-Gemisch im Gasvolumen, trägt auch dieses im Falle einer Verbrennung oder Explosion zu einer Vergrößerung des Terms E_{in} durch die Umwandlung chemischer in thermische Energie bei. Die Berechnung der dabei freigesetzten Energie E_{Gas} erfolgt wie in Gleichung (2.15) aufgeführt, wobei m_{Gas} die Masse des Brenngases im Gasvolumen, ΔH_{Gas} dessen Heizwert und η_{Gas} die zugehörige empirische Explosionseffizienz darstellt [48, 49].

$$E_{Gas} = m_{Gas} \cdot \Delta H_{Gas} \cdot \eta_{Gas} \tag{2.15}$$

Daraus resultiert für den Term E_{in} die in Gleichung (2.16) dargestellte Form:

$$E_{in} = E_H + E_Z + E_{Gas} \tag{2.16}$$

Aufgrund der steigenden Systemtemperatur kann dem System mehr Energie in Form verschiedener Wärmeübertragungsmechanismen bzw. Energieverlustmechanismen entzogen werden. Befinden sich weitere Bauteile im System, können diese in Abhängigkeit ihrer spezifischen Wärmekapazität ebenfalls Energie aufnehmen, was nach Gleichung (2.11) berechnet werden kann [32, 43]. Sind zusätzlich Undichtigkeiten vorhanden, geht ein Teil der generierten Energie in Form eines Massenabflusses von Gas verloren. Wie in Abschnitt 2.2.3 vorgestellt, können Undichtigkeiten durch die Leckagerate $\dot{Q}_{Leck}$ abgeschätzt werden (vgl. Gleichung (2.5)). Diese Phänomene der Wärmeübertragung (vgl. Gleichung (2.7)–(2.9)), Wärmespeicherung (vgl. Gleichung (2.11)) und Leckage machen den Term E_{out} aus. Es ergibt sich für E_{out} dementsprechend Gleichung (2.17).

$$E_{out} = \int \left(\dot{Q}_L + \dot{Q}_K + \dot{Q}_R + \dot{Q}_{Leck} \right) dt + E_K \tag{2.17}$$

Die Energie, welche in dem System auf diesem Weg akkumuliert oder verloren wird (E_{st}), manifestiert sich in der inneren Energie U sowie der relativen Druckenergie $E_{D,rel.}$ und kann mit Gleichung (2.18) ausgedrückt werden [32].

$$E_{st} = \Delta U + E_{D,rel.} = m \cdot c_v \cdot \Delta T + \Delta p \cdot V \qquad (2.18)$$

Mit m wird hierbei die Masse des Gasvolumens im System, mit c_v dessen isochore Wärmekapazität und mit ΔT die Temperaturänderung über den Zeitraum des TR ausgedrückt. Die Druckenergie setzt sich aus der Änderung des Drucks über den TR Δp und dem Gasvolumen V zusammen.

2.4.4 Das TNT-Äquivalent: freiwerdende Explosionsenergie

Bei der Betrachtung der Energiefreisetzung durch Explosionen und der damit verbundenen Zerstörung hat es sich etabliert, die Vergleichsmethode des TNT-Äquivalents heranzuziehen [50]. Hierbei wird die Energie, welche bei der betrachteten Explosion entsteht, in Relation zu der Explosionswärme reinen Trinitrotoluols (TNT) H_{TNT} gesetzt. Diese beträgt zwischen 4437–4765 kJ $\cdot$ kg^{-1} [51]. Obwohl der Verlauf des Drucks einer TNT-Explosion stark von dem einer Gasexplosion abweicht, wird diese unkomplizierte Methode aufgrund der fundierten Wissensgrundlage über TNT und dessen Explosion vielfach verwendet [48, 50, 52]. Keinerlei Berücksichtigung findet bei dieser Vergleichsmethode der Schaden durch den Partikelauswurf, wie er bei dem TR auftreten kann (vgl. Abschnitt 2.1.2) [48]. Dementsprechend kann das gesamte Zerstörungspotential durch den TR nicht allein anhand des TNT-Äquivalents beurteilt werden.

Das TNT-Äquivalent kann sowohl aus den auftretenden Temperaturen als auch aus dem Explosionsüberdruck bestimmt werden [46, 47, 52]. Werden Temperaturen als Grundlage verwendet, muss zunächst die freiwerdende Energie nach Gleichung (2.14) berechnet werden. Mit Hilfe dieser sowie der sogenannten Explosionseffizienz η_Z kann das TNT-Äquivalent W_T entsprechend Gleichung (2.19) berechnet werden [46, 47].

$$W_T = \eta_Z \cdot \frac{E_Z}{H_{TNT}} \qquad (2.19)$$

Soll das TNT-Äquivalent für ein Brenngas W_{Gas} bestimmt werden, wird nach Gleichung (2.20) vorgegangen. Der Term des Zählers entspricht der freigesetzten Energie der Gasexplosion und ist bereits aus Abschnitt 2.4.3 (vgl. Gleichung (2.15)) bekannt. Für die Explosionseffizienz η_{Gas} werden typischerweise Werte zwischen 2–15 % angenommen [49].

$$W_{Gas} = \frac{m_{Gas} \cdot \Delta H_{Gas} \cdot \eta_{Gas}}{H_{TNT}} \qquad (2.20)$$

Die Bestimmung aus dem maximalen Explosionsüberdruck p_s (Relativdruck) bedient sich der gut bekannten Abhängigkeit des Explosionsüberdrucks von dem skalierten Abstand d_n. Aus dem p_s-d_n-Diagramm, wie es beispielhaft in Abbildung 2.2 dargestellt ist, kann für einen bekannten Explosionsüberdruck der entsprechende skalierte Abstand abgelesen werden [50, 52].

$$W_p = \left(\frac{d}{d_n}\right)^3 \qquad (2.21)$$

Mit Hilfe dieses Abstands sowie des Abstands d zwischen dem Ort der Explosion und dem Ort der Erfassung des Drucks kann das TNT-Äquivalent W_p entsprechend Gleichung (2.21) berechnet werden [52].

In der Praxis kommt es hinsichtlich der Konzentration brennbarer Komponenten in der Gasatmosphäre zu lokalen Inhomogenitäten, sodass teils die UEG unterschritten oder die OEG überschritten werden kann. In Abhängigkeit dieser Konzentrationsschwankungen kann es zu großen Schwankungen des resultierenden Explosionsüberdrucks kommen, welche auch im TNT-Äquivalent zum Tragen kommen [33, 48, 50]. Gleichermaßen treten bei der Wahl der Temperatur als Berechnungsgrundlage Schwankungen des TNT-Äquivalentes auf. Diese sind bedingt durch die Unsicherheit der Temperaturmessung. Je nachdem, ob der Druck oder die Temperatur genauer erfasst werden kann, bietet die jeweilige Berechnungsmethode einen Vorteil.

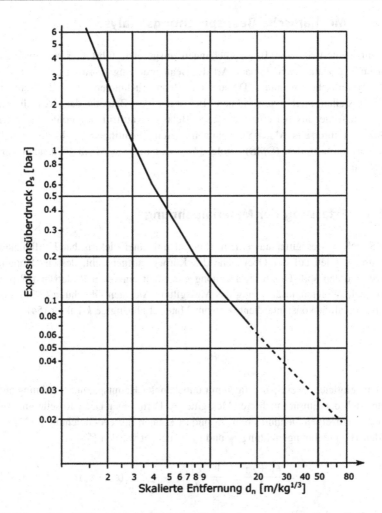

Abbildung 2.2   Abhängigkeit des Explosionsüberdrucks p_s von der skalierten Entfernung d_n [52]

2.5   Mechanische Beanspruchungsanalyse

Ist ein Bauteil äußeren Beanspruchungen ausgesetzt, führt dies zu Spannungen im Materialinneren. Je nach Art der Beanspruchung resultiert eine statische oder dynamische Spannung. Dynamische Beanspruchungen wie z. B. Schwingungen stellen hierbei eine höhere Belastung des Bauteils dar, weshalb ein Versagen früher als bei einer statischen Belastung auftritt. Materialspannungen induzieren ihrerseits Materialdehnungen, deren Quantifizierung häufig mittels Dehnungsmessstreifen (DMS) erfolgt [53]. Auf diese wird im Folgenden kurz eingegangen.

2.5.1   Erfassung der Materialdehnung

DMS stellen Messgitter aus einem Material mit guter elektrischer Leitfähigkeit dar und werden auf der Oberfläche des Körpers aufgebracht, dessen Dehnung erfasst werden soll. Durch die Dehnung ε entsteht eine dem Widerstand R proportionale Widerstandsänderung des Messgitters ΔR nach Gleichung (2.22). Als Proportionalitätskonstante dient der vom Material abhängige k-Faktor [54].

$$\frac{\Delta R}{R} = k \cdot \varepsilon \tag{2.22}$$

Treten zeitgleich zwei Spannungen mit unbekannter Hauptspannungsrichtung auf, bietet sich der Einsatz mehrerer Messgitter in Form einer DMS-Rosette an. Aus den drei einzelnen Dehnungen ε_1, ε_2 und ε_3 können mittels Gleichung (2.23) die beiden Hauptdehnungsrichtung ε_p und ε_q berechnet werden [55].

$$\varepsilon_{p,q} = \frac{\varepsilon_1 + \varepsilon_2}{2} \pm \frac{1}{\sqrt{2}} \cdot \sqrt{(\varepsilon_1 - \varepsilon_2)^2 + (\varepsilon_3 - \varepsilon_2)^2} \tag{2.23}$$

Um hieraus die Maximaldehnung ε_{max} zu bestimmen, kann die Normalspannungshypothese (NSH) verwendet werden, welche für duktile Werkstoffe unter stoßförmiger Belastung gilt. Nach der NSH entspricht die maximale Dehnung der betragsmäßig größten Dehnung (vgl. Gleichung (2.24)) [53]. Der zugehörige Mittelwert der maximalen Dehnung lautet $\overline{\varepsilon_{max}}$.

$$\varepsilon_{max} = |\varepsilon_p, \varepsilon_q| \tag{2.24}$$

2.5.2 Statische und dynamische Druckmessung

In Abhängigkeit davon, ob ein statischer oder dynamischer Druck gemessen werden soll, bieten sich zwei verschiedene Drucksensortypen an. Das Grundprinzip der Umwandlung einer Druckkraft in das passende elektrische Signal vereint beide Sensortypen [56].

Piezoresistive Sensoren bestehen zumeist aus Halbleitern und bedienen sich des piezoresistiven Effekts. Sie werden in erster Linie für die Messung statischer Drücke eingesetzt [56, 57]. Wirkt eine externe Belastung auf einen solchen Sensor, kommt es zu einer Veränderung des elektrischen Widerstands, dem piezoresistiven Effekt. Selbst geringe Druckwerte können präzise erfasst werden, da sich solche Sensoren durch eine hervorragende Empfindlichkeit auszeichnen [56]. Nachteilig ist allerdings, dass eine Reaktion einige Zeit benötigt, weshalb ein Einsatz bei schnellen Änderungen des Drucks nicht anzustreben ist [58].

Da sich dynamische Drücke durch ebensolche schnelle Änderungen auszeichnen, bedarf es für ihre genaue Erfassung eines anderen Messprinzips, dem piezoelektrischen Effekt [58]. Hier wird genutzt, dass eine einwirkende Last zu einer Verformung und infolgedessen einer Verschiebung der Ladungsschwerpunkte innerhalb eines Piezoelektrikums führt. Da sich die Ladungen nun nicht mehr gegenseitig kompensieren können, kann eine Spannung am Kristall abgegriffen werden, welche im direkten Verhältnis zur anliegenden Last steht [57, 58]. Nachteilig ist allerdings, dass die im Kristall entstandene Ladung bei gleichbleibender Beanspruchung abzufließen beginnt und so keine Erfassung langeinwirkender statischer Drücke möglich ist [58].

Unabhängig von dem gewählten Messprinzip besteht eine starke Abhängigkeit der Messergebnisse zu der Positionierung des Sensors. Für eine möglichst unverfälschte Erfassung des maximalen Explosionsüberdrucks sollten Positionen nahe der Gehäusewand vermieden werden, da es dort durch die Reflexion einer einfallenden Druckwelle zu Druckspitzen und infolgedessen überhöhten Messwerten kommen kann. Idealerweise befindet sich der Sensor zentral über dem Explosionsort [59].

2.6   Stand der Technik und Zielsetzung

Zum TR von Li-Ionen-Zellen existieren eine Vielzahl von Untersuchungen unter verschiedensten Randbedingungen. Variiert wurden einerseits die Zellchemien und Kapazitäten, aber auch die Anzahl der Zellen durch Zusammenschaltung zu einer Batterie. Auf diesem Weg konnte auch die Propagation des TR sowie geeignete Unterdrückungsstrategien, beispielsweise mittels Kühlung, in den Fokus rücken. Experimente wurden sowohl in verschlossenen als auch offenen Systemen und unter adiabaten sowie nicht adiabaten Versuchsbedingungen durchgeführt [1, 11, 12, 19, 60–62].

Auf Basis dieser Untersuchungen wurden erfolgreich charakteristische Kenngrößen des TR ermittelt. Dazu gehören mechanische Größen wie der maximal erreichte Druck, die DAZ und die MAR, aber auch thermische wie die Temperatur auf der Oberfläche der Zelle und jene, die sich zu Beginn des TR einstellt. Auch chemische Attribute erlauben eine Aussage über den TR. Möglichkeiten zur Analyse stellen hier die Menge und Zusammensetzung emittierter Gase dar [10, 12, 19, 20, 63]. Auch der Einfluss auf die Ausbildung von Rauch, Temperaturentwicklung und Flammengröße durch atmosphärischen Sauerstoff wurde bereits untersucht [64]. Weiterhin können aus den thermischen Messgrößen zusätzliche Parameter, wie die durch den TR freiwerdende Energie der Zelle oder die Rate, in der Wärme durch den TR frei wird, abgeleitet werden [45–47, 65]. Andersherum wurde ebenfalls betrachtet, welches Maß an Wärmezufuhr aufgrund verschiedener Wärmeübertragungsmechanismen den TR verschiedener Zellchemien auslöste [66].

Ein geringeres Maß an Beachtung fanden bisher die mechanischen Messgrößen, welche speziell für die Anwendung der Zündschutzarten im Bereich des Explosionsschutzes von Relevanz sind. In Versuchen nach Daragan in druckfesten Kapselungen konnte ein Anstieg des Maximaldrucks und der Dehnung der Gehäusewand durch eine Erhöhung der Zellkapazität festgestellt werden [67]. Der Vergleich der resultierenden Materialbelastungen aufgrund statischer sowie dynamischer Last erfolgte in Versuchen nach Spörhase et al. an Rundgehäusen. Diese entsprachen druckfesten Kapselungen und bestanden aus verschiedenen Materialien variierender Stärke. Der Fokus lag insbesondere auf der Dehnung der Materialien, welche mittels DMS quantifiziert wurde. Durch die Konstruktion vielfältiger Geometrien im Gehäuseinneren konnte die Ausbildung überhöhter Druckspitzen durch eine dynamische Last nachgewiesen werden. Diese resultierten ihrerseits in einer verstärkten Dehnung [20].

Bei TR-Versuchen an selbstähnlichen Gehäusen mit kleinem freien Volumen nach Dubaniewicz et al. konnte zudem festgestellt werden, dass zwischen dem

Gehäusevolumen und den Messgrößen Druck, MAR und DAZ ein mathematischer Zusammenhang besteht. Während eine Verringerung des freien Volumens zu einer Vergrößerung des maximalen Drucks und der MAR führt, verringert sich die DAZ [19]. Dieses Ergebnis konnte auch in Vergleichsversuchen zwischen zwei Versuchsgehäusen nach Daragan beobachtet werden [67].

Mechanisch induzierter TR bei Zellen verschiedener Zellchemie und Kapazität in einem 20 l Gehäuse führte in weiteren Versuchen nach Dubaniewicz et al. zu einer Explosion der umgebenden Methan-Luft-Atmosphäre (6,5-vol. %). Infolgedessen resultierten Spitzendrücke von bis zu 8,5 bar bei einer Temperatur der Zelloberfläche von teils über 600 °C (Zelle: 5,1 Ah und $LiMnO_2$) [15, 68]. Auch in Überhitzungsversuchen mittels Kalorimetrie in Luftatmosphäre wurden Temperaturen von mehr als 600 °C auf der Zelloberfläche erreicht. Diese Temperatur überschreitet die Selbstentzündungstemperatur von Methan-Luft-Gemischen von 600 °C sowie die Entzündungstemperatur von Kohlestaubschichten und Staubwolken um mehrere 100 °C, weshalb von dem TR durch Überhitzung eine akute Explosionsgefahr abgeleitet werden konnte [19].

Auch die gezielte Verringerung der durch Gasexplosionen ausgelösten Materialbelastung druckfester Kapselungen mithilfe von Druckentlastungselementen wurde bereits durchgeführt. In Versuchen an offenen Gehäusen nach Hornig et al. wurde das Konzept einer „zünddurchschlagssicheren Explosionsdruckentlastung" bei Gasexplosionen anhand verschiedener permeabler Werkstoffe erfolgreich untersucht. Unabhängig von dem genutzten Gehäusevolumen konnte gezeigt werden, dass die Beschreibung der Fähigkeit zur Druckentlastung anhand eines werkstoffspezifischen Zusammenhangs zwischen der relativen Entlastungsfläche und dem resultierenden reduzierten Druck möglich ist [25]. Zudem wurde die Fähigkeit zur „internen" Druckentlastung verschiedener Werkstoffe wie Edelstahl- und Steinwolle anhand von Versuchen der Firma R.STAHL AG an druckfesten Kapselungen demonstriert. Durch die Platzierung dieser Werkstoffe in Schichten im Gehäuseinneren konnte eine Druckreduktion von über 90 % im Vergleich zum Leergehäuse erzielt werden [24].

Die Untersuchung größerer freier Volumina in Bezug auf die Kenngrößen des TR erfolgte bisher noch nicht. Des Weiteren existiert zurzeit kein tiefergehendes Verständnis der Veränderung dieser Kenngrößen durch das Hinzufügen explosionsfähiger Brenngas-Luft-Gemische. Auch ist nicht bekannt, ob die Verwendung einer Druckentlastung für den langsamen Prozess des TR die gewünschte Wirkung einer Druckverringerung erzielt. Innerhalb dieser Arbeit sollen deshalb zunächst größere freie Volumina mittels der Variation des Gehäusevolumens einer druckfesten Kapselung untersucht und daraus ein Zusammenhang zwischen den Gehäuseeigenschaften und dem entstehenden Druck abgeleitet werden. Darauf aufbauend wird ein Gehäusevolumen ausgewählt und mit diesem die Auswirkung einer explosionsfähigen Atmosphäre auf die Größen des TR näher beleuchtet. Insbesondere der Vergleich mit einer reinen Luftatmosphäre steht im Vordergrund. Durch die Vergrößerung der inneren Oberfläche des Gehäuses soll zudem der Effekt einer internen Druckentlastung genauer betrachtet werden. Auch das Potential von Undichtigkeiten zur Druckentlastung soll anhand des Vergleichs zweier Gehäusekonfigurationen quantifiziert werden.

Material und Methoden 3

Im Folgenden wird der Fokus auf den Aufbau der Versuche sowie deren Durchführung und die anschließende Datenanalyse gelegt, wobei alle relevanten Messunsicherheiten diskutiert werden. Zudem werden die Themen der Energiebilanz des Versuchsgehäuses, Eigenschaften genutzter Brenngas-Luft-Gemische und Druckentlastungselemente sowie benötigte Materialcharakteristika eingehend betrachtet.

3.1 Versuchsaufbau

Die Durchführung der Versuche erfolgte in dem in Abbildung 3.1. links dargestellten eckigen Gehäuse der Reihe „CUBEx" (Typ: 8264, Firma: R.STAHL AG), bestehend aus Edelstahl [69]. Zur Volumenverkleinerung kamen verschiedene Aluminiumbauteile (Werkstoff: AlMg4,5Mn0,7) zum Einsatz, welche in das Gehäuse gestellt wurden (Abbildung 3.1, rechts) [70].

Ergänzende Information Die elektronische Version dieses Kapitels enthält Zusatzmaterial, auf das über folgenden Link zugegriffen werden kann https://doi.org/10.1007/978-3-658-47106-4_3.

F. G. Daragan, *Thermal Runaway von Lithium-Ionen-Batterien*, BestMasters, https://doi.org/10.1007/978-3-658-47106-4_3

Abbildung 3.1 Versuchsgehäuse in der Draufsicht (links) und dessen Innenansicht mit kleinstem Versuchsvolumen (rechts) [71]

Die messtechnische Ausstattung des Gehäuses bietet die Erfassung folgender Messgrößen an:

- Statischer und dynamischer Druck
- Materialdehnung der Gehäusewandung
- Diverse Temperaturen
- Strom und Spannung der Zelle

Der Versuchsaufbau inklusive der Verschaltung der zugehörigen Messgeräte mit der Peripherie ist in Abbildung 3.2 abgebildet. Die Farbe Rot (fein gestrichelt) kennzeichnet die Messgröße der Temperatur, Blau (gepunktet) fasst die des Drucks statischer und dynamischer Natur zusammen und Grün (grob gestrichelt) steht stellvertretend für die Dehnung. Aufgrund der Erfassung von sowohl Druck als auch Dehnung, weist das Oszilloskop (Typ: DL850, Firma: Yokogawa) nicht nur einen grünen, sondern auch einen blauen farblichen Anteil auf. Das Feld „Agilent" steht für das genutzte Datenerfassungssystem (Typ: 34970 A Data Acquisition/Switch Unit Family einschließlich 20-Kanal Multiplexer 34901 A, Firma: Keysight Technologies/Agilent). Für alle benötigten Kabel, Thermoelemente und den Gasein- und -auslass werden Gewindebohrungen in der Gehäusewand vorgesehen, sodass eine Befestigung mittels Verschraubung ermöglicht wird.

Für die Temperaturmessung werden sieben bzw. im Fall der Nutzung von Streckgittern zur Druckentlastung acht Thermoelemente verwendet, welche in

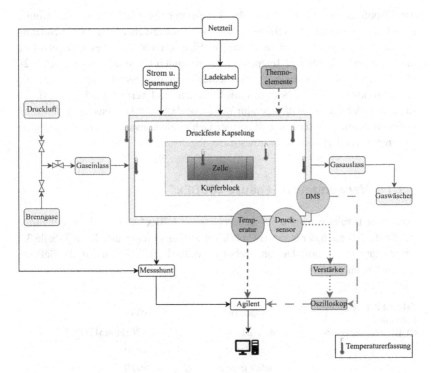

Abbildung 3.2 Übersicht über die Versuchsanordnung inkl. aller Temperaturmessstellen, jeweils markiert durch ein Thermometer [67]

Abbildung 3.2 durch Thermometer hervorgehoben sind. Ihre Platzierung innerhalb des Gehäuses findet an den nachfolgend genannten Messstellen statt:

- Oberfläche der Zelle
- Oberfläche des Kupferblocks
- Gasvolumen des Gehäuseinneren
- Innenwand des Gehäuses oder Oberflächen von Aluminiumbauteilen
- Außenwand des Gehäuses
- Ggf. Innenseite der Streckgitter zur Druckentlastung

Zu beachten ist, dass die Thermoelemente im Gasvolumen und an der inneren Wandung jeweils doppelt ausgeführt werden (vgl. Abbildung 3.2). Die Aufgabe

der Dopplung bei der Erfassung der Temperatur des Gases ist es, die Homogenität der Temperaturverteilung in diesem zu untersuchen, um so die Nutzung
des idealen Gasgesetzes zu rechtfertigen. Eine Verwendung dieses Gesetzes ist
nur bei einer einheitlichen Temperatur des gesamten Gasvolumens möglich [32].
Des Weiteren werden beide Thermoelemente für die Berechnung eines mittleren konvektiven Wärmeübergangs an die Innenwand verwendet. Die zweifache
Erfassung der Innenwandtemperatur dient ebenfalls der Untersuchung der Temperaturverteilung, in diesem Fall der der Gehäuseinnenwand. Hieraus werden im
späteren Verlauf gemittelte Wärmeströme abgeleitet.

3.1.1 Verwendetes Gehäuse „CUBEx"

Das zuvor bereits genannte Versuchsgehäuse „CUBEx" wurde seitens der Firma
R.STAHL AG nach der Norm IEC 60079–1 ausgelegt und weist die in Tabelle 3.1
dargelegten Daten auf. Die angegebenen Maße beziehen sich auf die äußeren
Abmessungen.

Tabelle 3.1 Grundlegende Daten des CUBEx-Gehäuses [69, 72, 73]

Komponente	Wert
Material	X2CrNiMo17-12-2
Breite / mm	480,0
Tiefe / mm	360,0
Höhe / mm	340,0
Wandstärke / mm	25,5
Leervolumen / l	38,1 ± 1,0

Da zur Untersuchung des Einflusses des freien Volumens verschiedene Volumina realisiert werden sollen, kommen diverse Aluminiumblöcke zum Einsatz,
die auf geeignete Weise im Gehäuseinneren platziert werden können. Für die
Untersuchung des Druckentlastungspotentials einer vergrößerten inneren Oberfläche werden zudem verschiedene Streckgitter an den Seitenwänden platziert, was
ebenfalls eine geringe Volumenverkleinerung zur Folge hat. Untersucht werden
die in Tabelle 3.2 aufgeführten Volumina V mit den zugehörigen inneren Oberflächen A sowie die A/V-Verhältnisse. Jeder Versuchskonfiguration wird anhand des
A/V-Verhältnisses und des Volumens eine Bezeichnung zugewiesen, in der sich
die Ziffern auf den jeweiligen Wert dieser Größen beziehen. Es gilt zu beachten,

dass aufgrund der Nutzung von Aluminium als Werkstoff für die volumenver-kleinernden Elemente bei der späteren Berechnung von Wärmeströmen durch Leitung in die verschiedenen Werkstoffe Stahl und Aluminium unterschieden werden muss.

Tabelle 3.2 Bezeichnung der Versuchsvolumina inkl. der korrespondierenden Oberflächen und A/V-Verhältnisse

Bezeichnung	V / l	A / m²	A/V-Verhältnis / m⁻¹
AV-339-5	4,7 ± 1,7	1,60 ± 0,0088	339 ± 121
AV-38-22	21,6 ± 1,0	0,83 ± 0,0005	38 ± 2
AV-18-38[a]	38,1 ± 1,0	0,68 ± 0,0004	18 ± 1
AV-275-37[b]	37,3 ± 1,0	10,24 ± 0,0004	275 ± 7

[a] Dieses Volumen entspricht dem Leervolumen des Gehäuses inkl. aller dauerhaft vorhande-nen Versuchsaufbauten wie z. B. dem Gasein- und -auslass
[b] inkl. Streckgitterpaketen

Der Verschluss des Gehäuses erfolgt mittels eines verschraubbaren Flansches. In den Deckel ist für erhöhte Dichtigkeit eine Ringdichtung aus Moosgummi eingelassen [74]. Zudem sehen der Deckel sowie eine der Seitenwände einen ver-glasten Durchbruch vor, durch den die Versuche als Video festgehalten und der Zustand des Inneren des Gehäuses überprüft werden können (vgl. Abbildung 3.1). Die Drucksensoren sind bündig im Deckel verschraubt. Verwendet werden ein piezoresistiver Sensor für die Messung des statischen Drucks (Typ: 4045 A100, Firma: Kistler Instrumente AG) und ein piezoelektrischer Sensor für die Mes-sung des dynamischen Drucks (Typ: 6031, Firma: Kistler Instrumente AG). Die Dehnungsmessung erfolgt durch eine DMS-Rosette (Typ: 1-RY81–3/120, Firma: Hottinger Brüel & Kjaer GmbH), welche an der äußeren Seitenwand des Gehäu-ses angebracht ist (vgl. Abbildung 3.1, links). Zum zusätzlichen Schutz vor Gasemissionen aus dem Gehäuseinneren wird das Gehäuse in eine vergrößerte Variante seiner selbst (Umgehäuse) gestellt. Dieses besteht aus einer Aluminium-Silizium-Legierung (AlSi7Mg0,3) und entspricht dem Typ 8264/-998–3 der Firma R.STAHL AG [72].

3.1.2 Energiebetrachtung des Versuchsgehäuses

Wie in Abschnitt 2.4.3 beschrieben, kann für den hier genutzten Versuchsaufbau eine Energiebilanz aufgestellt werden. Als Bilanzraum dient das Gasvolumen, welches sich innerhalb des Gehäuses befindet. Das System wird als reales geschlossenes System betrachtet, sodass ein Energieaustausch möglich ist. Da während der Versuche ein Druckanstieg beobachtet werden kann, rechtfertigt der geringe Masseaustausch aufgrund kleiner Leckagen keine Definition als offenes System. Die Energieeinträge und -verluste sind schematisch in Abbildung 3.3 dargestellt, wobei alle Einträge in Grün (linke Abbildungsseite) und alle Verluste in Rot (rechte Abbildungsseite) beschriftet sind. Das Kontrollvolumen wird durch die gestrichelte Linie begrenzt.

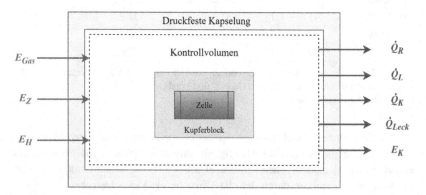

Abbildung 3.3 Schematische Darstellung des Bilanzraums (gestrichelte Linie). Alle grünen Beschriftungen (links) stellen Energieeinträge und alle roten (rechts) Energieverluste dar

Als Energieeinträge treten die thermische Energie aus der Leistung des Heizelements E_H, die beim TR der Zelle freiwerdende Energie E_Z und die chemische Energie E_{Gas}, welche in zusätzlichem Brenngas gespeichert ist, in Erscheinung. Verloren wird Energie bei diesem Aufbau über Leitungs-, konvektive und Strahlungswärmeströme ($\dot{Q}_L$, $\dot{Q}_K$ und $\dot{Q}_R$), die Speicherung von Energie in den Bestandteilen des Gehäuses E_K und durch Leckage aufgrund von Undichtigkeiten ($\dot{Q}_{Leck}$). Da der Energieeintrag durch das Heizelement unabhängig von der Versuchskonfiguration stets vergleichbar ausfällt, wird er im Folgenden nicht weiter betrachtet. Des Weiteren wird der strahlungsbedingte Wärmestrom aufgrund der in Abschnitt 2.4.1 genannten Gründe vernachlässigt. Darüber hinaus bilden sich im Verlauf der Versuche Ablagerungen an den Wänden des Gehäuses, sodass der Emissionsgrad unbekannt ist (vgl. Abschnitt 2.4.1).

Zusätzlich werden die Größen der Systemenergie E_S und der Verlustleistung P_V eingeführt. Die Systemenergie beschreibt hierbei jene Energie, die durch den TR der Zelle (E_Z, vgl. Gleichung (2.14)) und ggf. zusätzliches Brenngas (E_{Gas}, vgl. Gleichung (2.15)) in das System eingetragen wird (vgl. Gleichung (3.1)).

$$E_S = E_Z + E_{Gas} \qquad (3.1)$$

Die Verlustleistung ergibt sich entsprechend Gleichung (3.2) als Summe des Wärmestroms aus Leitung und Konvektion sowie der Leckagerate (vgl. Gleichungen (2.5),(2.7) und (2.8)).

$$P_V = \dot{Q}_L + \dot{Q}_K + \dot{Q}_{Leck} \qquad (3.2)$$

Beide Größen dienen dem qualitativen Vergleich der Gehäusekonfigurationen untereinander hinsichtlich der Fähigkeit Energie zu generieren und im System zu konservieren.

3.1.3 Eckdaten der Versuchszelle

In Anlehnung an Versuche nach Daragan wird eine Zelle mit der Zellchemie NMC-811 verwendet. Es handelt sich um die Zelle INR18650HG2 der Firma LG Chem mit den in Tabelle 3.3 aufgeführten Eigenschaften [67].

Tabelle 3.3 Eigenschaften der Versuchszelle [46, 75]

Zelle	INR18650HG2
Hersteller	LG Chem
Nominale Kapazität / Ah	3,00
Ladeschlussspannung / V	4,20
Entladeschlussspannung / V	2,00
Nominale Energie / Wh	10,80
Spezifische Wärmekapazität / $J \cdot kg^{-1} \cdot K^{-1}$	1020
Oberfläche / m^2	0,008

3.1.4 Wärmeleitfähigkeiten und Wärmeübergangskoeffizienten

Da je nach Versuchsvolumen sowohl Edelstahl als auch Aluminium im Gehäuse vorhanden ist und somit an der Wärmeübertragung teilnimmt, müssen für beide Materialien Wärmeleitfähigkeiten berücksichtigt werden. Für die Wärmeleitfähigkeiten werden folgende Werte genutzt: $\lambda_{Stahl} = 15\ W \cdot m^{-2} \cdot K^{-1}$ und $\lambda_{Aluminium} = 140\ W \cdot m^{-2} \cdot K^{-1}$ [70, 76, 77].

Die Angabe von Wärmeübergangskoeffizienten hängt von vielen Faktoren ab (vgl. Abschnitt 2.4.1). Als ein Näherungswert für natürliche Konvektion werden in Übereinstimmung mit der Literatur $5\ W \cdot m^{-2} \cdot K^{-1}$ gewählt. Dieser Wert geht von einer geringen Turbulenz des strömenden Gases aus [44, 64].

3.1.5 Zündfähige Gase

Die Erzeugung einer zündfähigen Atmosphäre erfolgt in Gemischzusammensetzungen nach der Norm IEC 60079-1 im Verhältnis von 31,0 ± 1,0 vol.-% für Wasserstoff (H_2) und 4,6 ± 0,3 vol.-% für Propan (C_3H_8) zu Luft [18]. Diese Volumenprozentsätze entsprechen Konzentrationen nahe der stöchiometrischen Gemischzusammensetzung, bei welcher die höchsten Explosionsdrücke und Anstiegsraten zu erwarten sind [33]. Als zündfähige Gase werden Wasserstoff (H_2) und Propan (C_3H_8) verwendet. Die Auswahl dieser Gase erfolgt aufgrund ihrer Eigenschaften hinsichtlich des maximalen Explosionsdrucks, welcher besonders hoch bei C_3H_8 ausfällt, und der Schnelligkeit der Explosion, die bei H_2 stark ausgeprägt ist (vgl. Tabelle 3.4) [78, 79].

Tabelle 3.4 gibt einen Überblick über relevante Kenngrößen beider Gase. Aufgeführt werden der Anteil brennbarer Gase im Gemisch entsprechend der stöchiometrischen Gemischzusammensetzung Φ, die Explosionswärme bzw. der Heizwert ΔH_{Gas}, der maximale absolute Explosionsdruck p_{max}, die MAR, die adiabate Flammentemperatur T_{ad} sowie die Selbstentzündungstemperatur (MIT). Alle aufgeführten Werte beziehen sich auf eine Initialtemperatur von 20 °C und einen Initialdruck von 1 bar. Des Weiteren wird eine empirische Explosionseffizienz η_{Gas} von 8,5 % als Mittelwert zwischen den Literaturdaten 2–15 % angenommen [49].

Tabelle 3.4 Sicherheitstechnische Größen der genutzten Gase ($p_0 = 1$ bar, $T_0 = 20\,°C$) [18, 33, 48, 78–83]

Gas	Φ / vol.-%	ΔH_{Gas} / kJ $\cdot$ kg^{-1}	p_{max} / bar	MAR / bar $\cdot$ s^{-1}	T_{ad} / °C	MIT / °C
H_2	29,5	130800	8,3	1538,8	2127	560
C_3H_8	4,0	50321	9,4	374,9	1987	459

3.1.6 Druckabfalltests

Eine häufig verwendete Untersuchungsmethode zur Quantifizierung von Undichtigkeiten und den zugehörigen Leckageraten stellen Druckabfalltests dar [40]. Hierbei wird ein bestimmter Druck im Gehäuseinneren eingestellt und anschließend der Druckverlust über ein festes Zeitintervall beobachtet. Aus den so gewonnenen Daten kann eine Abschätzung der Leckagerate in Abhängigkeit vom anliegenden Druck vorgenommen werden.

Innerhalb der Versuchsreihen wurden zwei verschiedene Gehäusedeckel verwendet. Die Deckel unterschieden sich aufgrund des genutzten Werkstoffs Edelstahl und Aluminium hinsichtlich der Dichtigkeit. Infolgedessen wurden für beide Deckel Druckabfalltests durchgeführt. Für den Deckel bestehend aus Edelstahl resultiert eine Abhängigkeit der Leckagerate $\dot{Q}_{Leck}$ zum anliegenden Druck p entsprechend Gleichung (3.3).

$$\dot{Q}_{Leck,S} = 7,0554 \cdot p^2 - 17,278 \cdot p + 19,025 \qquad (3.3)$$

Der Deckel aus Aluminium weist die in Gleichung (3.4) dargestellte Abhängigkeit auf.

$$\dot{Q}_{Leck,A} = 4,3922 \cdot p^{1,6475} \qquad (3.4)$$

Da während eines jeden Versuchs ein Verlust an Gasvolumen durch die Undichtigkeiten auftritt, ist eine Bestimmung der freigesetzten Gasmenge anhand der vorhandenen Messdaten Druck, Temperatur und Volumen nicht möglich.

3.1.7 Streckgitter als Druckentlastungselemente

Um das Potential einer Erhöhung der inneren Oberfläche zur Druckentlastung zu untersuchen, werden verschiedene Streckgitter aus Edelstahl (Firma R.STAHL

AG) verwendet [84]. Diese weisen sechs verschiedene Maschenweiten auf und werden in einer festen Reihenfolge zu Gitterpaketen zusammengesetzt (vgl. Abbildung 3.4 links) [85]. Da die Seitenwände des Versuchsgehäuses verschiedene Maße aufweisen, sind die Zuschnitte der Streckgitter in zwei Maßen, nachfolgend mit „lang" und „kurz" bezeichnet, verfügbar.

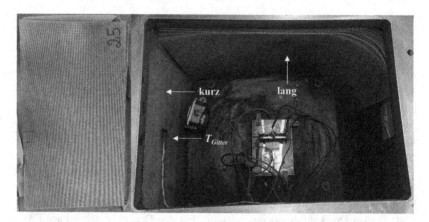

Abbildung 3.4 Streckgitterpakete zur internen Druckentlastung aus der Frontsicht (links) sowie verbaut im Gehäuse (rechts). „Kurz" und „lang" bezieht sich auf die Maße der Gitter

Wie im rechten Teil von Abbildung 3.4 zu erkennen ist, kann aufgrund des begrenzten Platzes nur je eine lange und eine kurze Seite des Versuchsgehäuses mit einem Streckgitterpaket ausgestattet werden. Durch den genauen Zuschnitt bietet das bündige Einsetzen der Gitter zwischen Deckelflansch und Boden eine ausreichende Fixierung des gesamten Gitterpakets, sodass keine weitere Befestigungseinrichtung vorgesehen werden muss. Zusätzlich zu den bereits diskutierten Thermoelementen (vgl. Abschnitt 3.1) wird ein weiteres an der Vorderseite des Streckgitterpaketes der kurzen Seite (T_{Gitter}) vorgesehen, sodass eine Erfassung des Temperatureinflusses der Gitter ermöglicht wird.

3.1.8 Unsicherheiten der Messung von Temperatur und Druck

Bei den verwendeten Thermoelementen handelt es sich um den Typ K1/0.711 (Firma: RS Components GmbH) mit einer Ansprechzeit von 2,6 s. Diese lange Ansprechzeit gestaltet die Messung schneller Veränderungen der Temperatur kompliziert und führt zu Ungenauigkeiten. Aus diesem Grund müssen die gemessenen Maximaltemperaturen stets kritisch betrachtet werden. Die Anzahl und Platzierung der Thermoelemente wurde bereits in Abschnitt 3.1 diskutiert. Die Gesamtmessunsicherheit der Temperaturmesskette ist das Ergebnis der Einzelmessunsicherheiten der Thermoelemente und des Multiplexers des Agilents. Für Thermoelemente der Genauigkeitsklasse 1 des Typs K wird die Messunsicherheit in die Temperaturbereiche unterhalb und oberhalb der Temperatur von 375 °C unterteilt. Werden 375 °C nicht überschritten, gilt eine konstante Messabweichung von $\pm$ 1,5 °C. Für Temperaturen darüber ändert sich die Unsicherheit zu $\pm$ 0,4 % des Skalenendwerts (SEW) [86]. Für die Berechnung der Gesamtmessunsicherheit wird ein SEW von 700 °C anhand der gewonnenen Messdaten gewählt. Durch den Multiplexer des Datenerfassungssystems entstehen zwei Unsicherheitsbeiträge. Zum einen weist dieser eine Unsicherheit von $\pm$ 1,0 °C bezüglich der Erfassung der Temperatur auf. Zum anderen besteht eine Empfindlichkeit von $\pm$ 0,03 °C hinsichtlich der Temperatur selbst. Es ergibt sich für die insgesamte Messunsicherheit durch die Berechnung der geometrischen Summe aller Beiträge ein Wert von $\pm$ 1,8 °C (Temperaturen < 375 °C) bzw. $\pm$ 3,0 °C (Temperaturen > 375 °C). Diese Überlegungen gelten im Fall einer statischen Messung und werden hier stellvertretend als Maximalunsicherheit für alle Versuchsdaten angenommen.

Die Messunsicherheit der Druckmessung setzt sich aus den Messunsicherheiten der Sensoren, der zugehörigen Messverstärker und der Druckmesskarte des Oszilloskops zusammen. Der statische Drucksensor weist eine Unsicherheit von $\pm$ 0,03 bar auf, welche mit einem SEW von 10 bar berechnet wurde. Durch den piezoresistiven Verstärker (Typ: 4603B, Firma: Kistler Instrumente AG) werden zusätzlich $\pm$ 0,05 bar als Unsicherheit beigetragen. Die Druckmesskarte des Oszilloskops fügt $\pm$ 0,005 bar hinzu, sodass eine Messunsicherheit von $\pm$ 0,06 bar resultiert. Analog setzt sich die Messunsicherheit der Messkette des dynamischen Drucks aus der Unsicherheit des dynamischen Drucksensors von $\pm$ 0,25 bar, des Ladungsverstärkers (Typ: 5015, Firma: Kistler Instrumente AG) von $\pm$ 0,13 bar und dem Oszilloskop von $\pm$ 0,01 bar zusammen. Hier ergibt sich insgesamt eine Abweichung von $\pm$ 0,28 bar.

3.1.9 Zusammenfassung der relevanten Messunsicherheiten

Für alle aufgenommenen Daten ergibt sich die Messunsicherheit der Messkette aus den Einzelunsicherheiten wie sie in Tabelle 3.5 aufgeführt sind. Insgesamt verfügt der Messaufbau über fünf Messketten: Die der Dehnung, des statischen und dynamischen Drucks, der statischen Temperaturerfassung und der Gemischzusammensetzung der Brenngas-Luft-Atmosphäre. Diese sind von eins bis fünf durchnummeriert. Bei Messkette fünf werden für H_2 und C_3H_8 jeweils die einzelnen Gesamtmessunsicherheiten angegeben.

Tabelle 3.5 Alle Unsicherheitsbeiträge der Messketten [20, 55, 86–94]

Messkette	Komponente	Unsicherheit
1	DMS Klebung / %	$\pm 5{,}00$
	k-Faktor / %	$\pm 1{,}00$
	DMS Gitter / % pro 1000 μm $\cdot$ m^{-1}	$\pm 0{,}10$
	Dehnungsmesskarte / μm $\cdot$ m^{-1}	$\pm 5{,}00$
	Gesamt	$5\,\mu$m $\cdot$ m^{-1} + 0,06 $\cdot \overline{\varepsilon_{max}}$
2	Statischer Drucksensor / bar	$\pm 0{,}03$
	Piezoresistiver Verstärker / bar	$\pm 0{,}05$
	Druckmesskarte / bar	$\pm 0{,}01$
	Gesamt / bar	$\pm 0{,}10$
3	Dynamischer Drucksensor / bar	$\pm 0{,}25$
	Ladungsverstärker / bar	$\pm 0{,}13$
	Druckmesskarte / bar	$\pm 0{,}01$
	Gesamt / bar	$\pm 0{,}28$
4	Thermoelemente / °C	$\pm 1{,}50/\pm 0{,}4$ % SEW^c
	Multiplexer / °C	$\pm 1{,}00$
	Temperaturempfindlichkeit des Multiplexers / °C	$\pm 0{,}03$
	Gesamt / °C	$\pm 1{,}82/\pm 2{,}98$
5	Massendurchflussregler / vol.-%	$\pm 1{,}0$ % SEW^c
	Gesamt / vol.-%	$\pm 0{,}3$ (H_2), $\pm 0{,}1$ (C_3H_8)

^{c} SEW = Skalenendwert

3.2 Versuchsdurchführung und Auswertung

Die folgenden Abschnitte dienen der Darstellung der Versuchsdurchführung sowie der anschließenden Analyse der gewonnenen Messdaten. Als Schadensmechanismus wird innerhalb aller durchgeführten Versuche das Überhitzen gewählt, da diese Untersuchungsmethode vielfach untersucht wurde, eine genauere Beobachtung der Gasfreisetzung ermöglicht und ein geringeres Gefährdungspotential für die Peripherie mit sich bringt [11, 12, 19, 23]. Des Weiteren stellt die Überhitzung einen häufigen Grund für die Propagation des TR auf umgebende Zellen dar [95].

3.2.1 Vorbereitung und Durchführung des Versuchs

Vor Beginn des Versuchs wird durch das Hinzufügen oder Herausnehmen von Aluminiumblöcken das gewünschte Versuchsvolumen eingestellt. Im Falle der Druckentlastungsversuche sind zudem zwei Streckgitterpakete an einer kurzen und einer langen Seitenwand des Gehäuses vorgesehen (vgl. Abschnitt 3.1.7). Des Weiteren erfolgt das Aufladen der Zelle mit 1 C bis 4,2 V, was nach Tabelle 3.3 der Ladeschlussspannung entspricht.

Im Inneren des Gehäuses wird die Zelle auf einen Metallblock gelegt und mit Kupferband (Firma: Conrad Electronic International GmbH & Co. KG) auf diesem befestigt. Der aus Kupfer bestehende Block dient der Einhäusung des Heizelements. Zum Einsatz kommen zwei verschiedene Heizelemente. Eine Option stellt ein Metallflachheizer des Typs MFH14 dar, die andere ein Hochtemperaturheizelement aus Keramik. Beide sind ein Produkt der Firma Paul Rauschert Steinbach GmbH.

Um eine elektrisch leitfähige Verbindung zur Zelle für die Spannungs- und Stromerfassung herzustellen, werden entsprechende Kabel mittels Krokodilklemmen an den Lötfahnen der Zelle fixiert. Für die Erfassung aller Temperaturen werden nun die entsprechenden Thermoelemente unter vorherigem Hinzufügen von Wärmeleitpaste an ihren Messstellen befestigt, wofür ebenfalls Kupferband verwendet wird (vgl. Abschnitt 3.1 und 3.1.7 sowie Abbildung 3.5). Um den TR mittels eines Videos zu erfassen, wird außerdem eine Kamera (Typ: Hero 11, Firma: GoPro) in einer Ecke platziert. Der vollständige Versuchsaufbau ist am Beispiel des mittleren Versuchsvolumens in Abbildung 3.5 zu sehen. Anschließend an diese Vorbereitungen wird das Gehäuse durch Verschraubung an einer Flanschverbindung verschlossen.

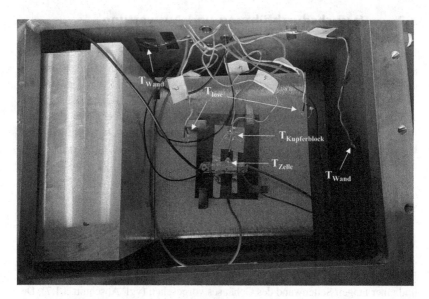

Abbildung 3.5 Vollständiger Versuchsaufbau, hier dargestellt für das mittlere Versuchsvolumen AV-38-22 inkl. einer Bezeichnung aller Thermoelemente. Hier nicht zu erkennen sind die Thermoelemente an den Streckgittern und der Außenwand [67]

Sofern eine explosionsfähige Atmosphäre im Gehäuse vorgesehen werden soll, wird mit dem entsprechenden Gasgemisch mit einem Volumenstrom von $12\ \mathrm{l} \cdot \mathrm{min}^{-1}$ so lange gespült, bis das Gasvolumen im Gehäuseinneren fünf Mal ausgetauscht wurde. Dies entspricht bei einem Volumen von 38,1 l einer Zeit von ca. 20 Minuten. Der Volumenstrom wird mit dem Massendurchflussmesser für Gase des Typs F-112AC (Firma: Bronkhorst High-Tech BV) eingestellt. Wird keine Variation der Atmosphäre vorgenommen, erfolgt lediglich die Überprüfung von Gasein- und -auslass mittels einer Spülung mit Druckluft. Auch die korrekte Verbindung zur Gaswaschflasche, befüllt mit 10 prozentiger Kalilauge, wird so festgestellt.

Den nächsten Schritt stellt die Überladung der Zelle auf 4,62 V dar, was einer leichten Überladung um 10 % der Ladeschlussspannung entspricht. Genutzt wird hierfür ein Netzteil des Typs HCS-3200-000G der Firma Manson Engineering Industrial Ltd. Aufgrund des abrupten Abbruchs des Überladens bei Erreichen der gewünschten Spannung sinkt die Zellspannung anschließend ab. Hieraus resultiert ein SoC zu Versuchsbeginn, welcher sich zwischen ca. 90 – 105 % befindet (vgl.

Gleichung (2.1)). Die zugehörigen Spannungen sind in Tabelle A-1 im elektronischen Zusatzmaterial zu finden. Nach Beendigung des Überladens wird der Druck im Versuchsgehäuse zu Beginn des Versuchs mittels eines manuellen Triggers am Oszilloskop festgehalten. Zudem wird eine zweite Kamera (Typ: Xperia XZ3, Firma: Sony Group Corporation) auf dem Deckelschauglas aufgelegt, sodass eine Videodokumentation des TR von oben erfolgt. Daran anschließend wird auch das Umgehäuse geschlossen.

Zum Versuchsbeginn werden alle Kameras sowie der Messvorgang am Agilent gestartet, das Oszilloskop in Aufzeichnungsbereitschaft gebracht und das Heizelement angeschlossen, sodass dieses gleichmäßig zu heizen beginnt. Ab einer Temperatur der Zelloberfläche von 140 °C wird der Messvorgang des dynamischen Drucks am Ladungsverstärker gestartet. Diese Temperatur wurde so gewählt, dass die am Ladungsverstärker festgestellte Abweichung möglichst gering ausfällt. Die Veränderungen der Zelle während des Erhitzens bis hin zum TR werden durch eine dritte Kamera (Typ: AC4K 120 Action camera 4 K, Firma: renkforce) auf dem Schauglas des Umgehäusesdeckels beobachtet. Tritt der TR auf, werden das Heizelement manuell ausgeschaltet, alle laufenden Messungen und Kameraaufzeichnungen gestoppt und die entstandenen Daten gesichert. Zusätzlich werden zwei weitere Oszilloskopaufzeichnungen durch einen manuellen Trigger durchgeführt, sodass der Druck nach Versuchsende ebenfalls festgehalten wird. Um das Risiko durch während des Versuchs entstandene Gaskomponenten zu minimieren, wird das Gehäuse nun über einen Zeitraum von mindestens 15 Minuten mit $12 \, \text{l} \cdot \text{min}^{-1}$ mit Druckluft gespült. Im letzten Schritt werden das Gehäuse gereinigt sowie die Zelle und der Zustand des Gehäuseinneren über Fotoaufnahmen festgehalten.

3.2.2 Auswertung

Innerhalb der Auswertung werden aus den erfassten Temperaturen, dem Druck und der Zeit verschiedene weitere Größen berechnet sowie diverse Diagramme erstellt. Die Diagramme dienen sowohl der Analyse der Einzelversuche als auch dem Vergleich der Mittelwerte verschiedener Versuchskonfigurationen untereinander. Bei der Berechnung der Messunsicherheiten der Mittelwerte werden alle Messfehler als zufällig angenommen, sodass die Unsicherheit durch die Standardabweichung angegeben werden kann [96]. Hierbei werden alle Messreihen einzeln sowie anschließend gemeinsam betrachtet. Die Datenanalyse erfolgt einerseits mittels Microsoft Excel und andererseits über die Programmiersprache Python.

Um die Qualität der Messdaten des Drucks zu erhöhen, werden diese mittels eines Tiefpassfilters des Typs Butterworth (Ordnung 10) mit einer Grenzfrequenz von 0,5 kHz weitestgehend von Rauschprozessen befreit. Die Wirksamkeit der gewählten Grenzfrequenz wurde anhand von Fast-Fourier-Transformationen (FTT) der Messdaten vor und nach dem Filtern festgestellt. Um zu verhindern, dass Ausreißer irrtümlich als Messwerte angenommen werden, wird sich des z-Wert-Tests bedient. Dieser stellt einen bekannten Hypothesentest dar, mit dessen Hilfe ein Ausreißer (entspricht $|z| > 3$) innerhalb der generierten Stichprobe erkannt und gelöscht werden kann [97, 98].

Zu den berechneten Größen zählen zum einen die DAZ, MAR und der K_G-Faktor als maßgebliche Beurteilungskriterien der Heftigkeit des TR. Die DAZ folgt aus der Differenzbildung jener Zeitpunkte, zu denen der statische Druck einen Wert von 10 bzw. 90 % des Maximalwertes annimmt. Innerhalb dieses Intervalls wird wiederkehrend eine lineare Regression über je 500 Messwerte gebildet. Durch den Vergleich der Steigungen dieser Regressionsgeraden wird die MAR als die maximale Steigung ermittelt [99]. Durch einen Bezug auf das jeweilige Gehäusevolumen folgt zudem der K_G-Faktor. Die Bestimmung der freigesetzten Gasmenge kann wie in Abschnitt 3.1.6 erläutert aufgrund der Leckage nicht durchgeführt werden.

Zusätzlich werden die Wärmeströme durch Leitung und Konvektion aus den in Abschnitt 2.4.1 beschriebenen Gleichungen berechnet. Zudem wird die Leckagerate anhand der entsprechenden experimentell ermittelten Gleichungen abgeschätzt (vgl. Abschnitt 3.1.6). Der Term der Verlustenergie, wie er in Abschnitt 3.1.2 definiert wurde, kann anhand dieser Größen ebenfalls bestimmt werden. Auch die Berechnung der freiwerdenden Energie aus der Zelle und der chemischen Energie des Brenngases nach Gleichung (2.14) und (2.15) wird durchgeführt. Aus diesen beiden Energien kann die Systemenergie als Summe der Einzelenergien berechnet werden (vgl. Abschnitt 3.1.2).

Ergebnisse und Diskussion

4

In den nachfolgenden Abschnitten werden die drei durchgeführten Messreihen zum Volumeneinfluss, dem Einfluss der Gasatmosphäre und der Druckentlastung einzeln diskutiert. Alle aufgeführten Zahlenwerte stellen Mittelwerte aus je drei Versuchen pro Messpunkt dar. Die Messdaten aller Einzelversuche sind in Tabelle A-2 und Tabelle A-3 im elektronischen Zusatzmaterial aufgeführt. Bei den energetischen Größen (vgl. Tabelle A-2 im elektronischen Zusatzmaterial) kommt es teils zu großen Messunsicherheiten. Der Mittelwert dieser Größen ist aber dennoch aussagekräftig, da eine Schlussfolgerung über entstehende Materialbelastungen immer auf Basis der mechanischen Größen getroffen wird, welche sich durch eine geringe Messunsicherheit auszeichnen (vgl. Tabelle A-3 im elektronischen Zusatzmaterial). Die energetischen Größen dienen als Basis zur Erklärung der beobachteten mechanischen Last und sollen einen Vergleich verschiedener Versuchsszenarien miteinander erlauben.

Für die verschiedenen Versuchskonfigurationen werden die in Tabelle 3.2 eingeführten Bezeichnungen (Bez.) AV-339-5, AV-38-22, AV-18-38 bzw. −38* und AV-275-37 verwendet. Anhand der ersten zwei bis drei Ziffern kann das A/V-Verhältnis und an den letzten das Volumen abgelesen werden. Der Zusatz des Sterns als Index markiert die Verwendung eines Aluminiumdeckels anstelle der baugleichen Variante aus Edelstahl. Abschließend erfolgt eine Betrachtung aller Messergebnisse im Vergleich. Bei allen angegebenen Maximaldrücken p_{max}

Ergänzende Information Die elektronische Version dieses Kapitels enthält Zusatzmaterial, auf das über folgenden Link zugegriffen werden kann https://doi.org/10.1007/978-3-658-47106-4_4.

handelt es sich stets um den statischen Absolutdruck, welcher mit einem piezoresistiven Drucksensor erfasst wird. Da während der Versuche festgestellt wurde, dass die Messwerte des dynamischen Absolutdrucks aufgrund der Positionierung des Sensors dezentral vom Explosionsort stets zu niedrig ausfielen, werden diese Messwerte nicht weiter betrachtet. Stattdessen erfolgte die Verifikation der Richtigkeit des statischen Drucks über die Materialdehnung, welche mittels eines DMS an der Gehäuseaußenwand erfasst wurde.

4.1 Einfluss der Variation von freiem Volumen und innerer Oberfläche

Innerhalb dieses Abschnitts wird der Einfluss des freien Gehäusevolumens und der inneren Oberfläche auf die resultierenden maximalen Explosionsdrücke untersucht. Hierfür müssen zunächst einige grundlegende Annahmen festgehalten werden.

Damit die Möglichkeit besteht, einen Druckanstieg beobachten zu können, muss nach dem idealen Gasgesetz folgende Bedingung erfüllt sein: Die Erhöhung des Gehäusevolumens V muss mit einem Anstieg der freigesetzten Gasmenge n bzw. der freigesetzten Energiemenge (vgl. Abschnitt 2.1.2) einhergehen. Bliebe die freigesetzte Gasmenge bei Erhöhung des Volumens konstant, müsste der Druck absinken, da sonst Gleichung (4.1) nicht mehr erfüllt wäre [32].

$$n = \text{const.} = \frac{p \cdot V}{R \cdot T} \qquad (4.1)$$

Ein Anstieg der freigesetzten Gasmenge wiederum ist bedingt durch die Atmosphäre im Gas bzw. genauer gesagt die Sauerstoffmenge des jeweiligen Versuchsvolumens, welche mit dem Volumen ansteigt. Hierbei darf in keinem der genutzten Versuchsvolumina überstöchiometrisch viel Sauerstoff vorhanden sein, da diese Größe sonst keine Limitierung der freigesetzten Gasmenge mehr ermöglicht. Das Resultat daraus wäre eine gleichbleibende freigesetzten Energie, anhand derer keine Unterschiede festgestellt werden könnten. In allen nachfolgenden Diskussionen der Ergebnisse kann dementsprechend kein Vergleich mit Versuchsdaten vorgenommen werden, deren Atmosphäre keinen oder überstöchiometrisch viel zusätzlichen Sauerstoff enthält.

4.1.1 Betrachtung der Energieeinträge

Zunächst wird in diesem Abschnitt der Energieeintrag in das System während des TR diskutiert. Als Berechnungsgrundlage dient Gleichung (2.14). Alle zugehörigen Versuchsdaten sind in Tabelle 4.1 zu finden. Die angegebenen Stoffmengen an Sauerstoff wurden anhand der Versuchsvolumina und des Normvolumens berechnet.

Tabelle 4.1 Mittelwerte der Versuchsdaten der Volumenmessreihe hinsichtlich der Energieeinträge

Bez.	O_2 / mol	T_{max} / °C	E_Z / kJ
AV-339-5	$0,05 \pm 0,02$	318 ± 50	6 ± 2
AV-38-22	$0,22 \pm 0,01$	417 ± 9	10 ± 1
AV-18-38	$0,36 \pm 0,01$	475 ± 79	14 ± 5

Wie in Abbildung 4.1 (gestrichelte Linie) zu erkennen ist, steigt die Energie, die aufgrund des TR aus der Zelle frei wird (E_Z), linear mit dem Gehäusevolumen an. Eine Vervierfachung des Gehäusevolumens von AV-339-5 zu AV-38-22 bewirkt einen Anstieg von E_Z um 72 %. Eine weitere knappe Verdoppelung von AV-38-22 zu AV-18-38 führt zu einem erneuten Anstieg um 34 %. Die Verachtfachung des Gehäusevolumens bewirkt also eine Erhöhung der Energie um den Faktor 2,3.

Dieser Umstand ist auf die steigende Sauerstoffmenge zurückzuführen (vgl. Abbildung 4.1). Diese erhöht sich durch die Verachtfachung des Gehäusevolumens um den gleichen Faktor. Dadurch wird eine verstärkte Oxidation des Elektrolyts ermöglicht. Infolgedessen wird eine größere Menge an Gas und Wärme aus der Zelle freigesetzt, woraus der Anstieg der freiwerdenden Energie resultiert. Dies spiegelt sich auch in den Maximaltemperaturen auf der Zelloberfläche T_{max} wider, welche ebenfalls bei einer Vergrößerung des Gehäusevolumens ansteigen (vgl. Tabelle 4.1). Insgesamt nimmt die freiwerdende Energie allerdings um einen geringeren Betrag zu als die Sauerstoffmenge.

Eine Auftragung der freiwerdenden Energie und der Sauerstoffmenge über die innere Oberfläche des Gehäuses (vgl. Abbildung 4.2) zeigt eine Antiproportionalität zu Abbildung 4.1 (Gehäusevolumen V) auf. Im Gegensatz zu der Volumenabhängigkeit verhält sich die Oberflächenabhängigkeit allerdings nicht linear. Aufgrund der Verkleinerung des Volumens von AV-18-38 zu AV-38-22 durch das Hinzufügen volumenverkleinernder Bauteile resultiert eine Oberflächenvergrößerung um 21 % (vgl. Abschnitt 3.2.1). Diese geht einher mit einer Verringerung der freiwerdenden Energie um 25 % und der Sauerstoffmenge

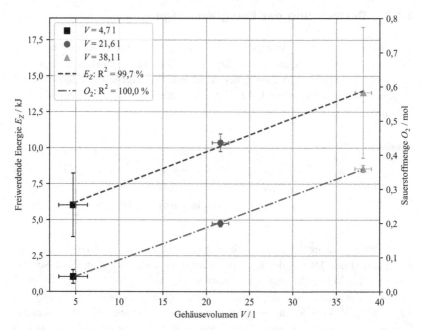

Abbildung 4.1 Freiwerdende Energie der Zelle E_Z (gestrichelt) und der zugehörige Sauerstoffmenge O_2 (Strichpunkt) aufgetragen gegen das Gehäusevolumen V

um 43 %. Wird das Volumen weiter von AV-38-22 zu AV-339-5 verkleinert, vergrößert sich die innere Oberfläche um weitere 92 %. Dadurch sinken die freiwerdende Energie und die Sauerstoffmenge erneut um 42 % bzw. 78 %.

Die Besonderheit dieses Versuchsaufbaus liegt also in der Antiproportionalität zwischen Gehäusevolumen und innerer Oberfläche, während in der Literatur ein proportionales Verhalten vorliegt [19, 23]. Aufgrund dieser Antiproportionalität können volumen- und oberflächenabhängige Einflussfaktoren besser identifiziert und voneinander abgegrenzt werden. Um sowohl das Volumen als auch die innere Oberfläche als Einflussfaktoren zu berücksichtigen, wird in den folgenden Abschnitten das A/V-Verhältnis als Vergleichsgröße zwischen den Gehäusekonfigurationen gewählt.

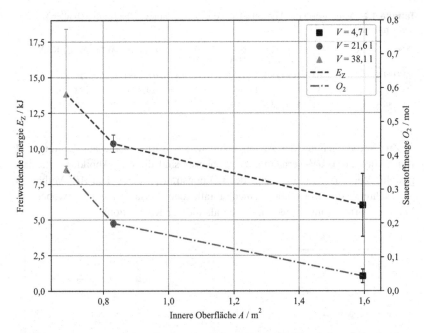

Abbildung 4.2 Freiwerdende Energie der Zelle E_Z (gestrichelt) und die zugehörige Sauerstoffmenge O_2 (Strichpunkt) aufgetragen gegen die innere Oberfläche A

4.1.2 Betrachtung der Energieverluste

Nebst dem Energieeintrag muss für eine Bilanzierung auch der Energieverlust betrachtet werden. Dieser wird hier anhand der dominierenden Faktoren Leitung ($\dot{Q}_L$) und Konvektion ($\dot{Q}_K$) nach den Gleichungen (2.7) und (2.8) diskutiert. Für ein vollständiges Bild aller zur Berechnung notwendigen Werte sind des Weiteren die Temperatur des Gases T_∞, der Gehäuseinnenwand T_i und der Außenwand T_a in Tabelle 4.2 aufgeführt. Da die Leckagerate (vgl. Gleichung (2.5)) maximal Werte von 0,13 kW (AV-18-38) erreicht und somit um den Faktor 10 kleiner als der konvektive Wärmeübergang ist, wird diese hier nicht im Einzelnen diskutiert. Auch die Strahlungsverluste, berechnet anhand von Gleichung (2.9), erreichen lediglich Werte von maximal 0,1 kW, weshalb auch sie im Vergleich zu den Verlusten durch Leitung und Konvektion vernachlässigt werden können.

Tabelle 4.2 Mittelwerte der Versuchsdaten der Volumenmessreihe bezüglich aller Verlust-mechanismen

Bez.	T_∞ / °C	T_i / °C	T_a / °C	$\dot{Q}_L$ / kW	$\dot{Q}_K$ / kW	$R_{th,L}$ / K · W^{-1}	$R_{th,K}$ / K · W^{-1}
AV-339-5	242 ± 8	204 ± 113	16 ± 1	298 ± 179	0,3 ± 0,9	0,6 ± 0,0	125 ± 1
AV-38-22	322 ± 40	112 ± 19	20 ± 2	105 ± 22	1,0 ± 0,1	0,9 ± 0,0	222 ± 0
AV-18-38	462 ± 36	103 ± 6	28 ± 2	30 ± 3	1,3 ± 0,1	2,5 ± 0,0	279 ± 0

Zur Verdeutlichung der Abhängigkeiten der Wärmeströme aus Leitung und Konvektion zum A/V-Verhältnis des Gehäuses sind diese in Abbildung 4.3 dargestellt. Wie zu sehen ist, steigt der Leitungstransport mit dem A/V-Verhältnis an, während die Konvektion einen abfallenden Verlauf aufweist, wobei die Leitungswärmeströme größer ausfallen als die der Konvektion.

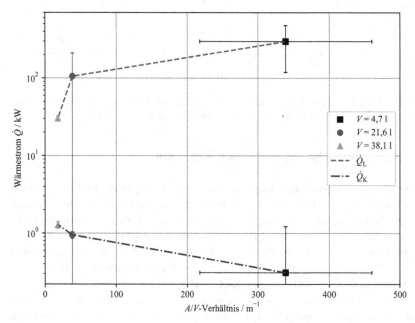

Abbildung 4.3 Wärmeströme aus Leitung ($\dot{Q}_L$) und Konvektion ($\dot{Q}_K$) in Abhängigkeit von dem A/V-Verhältnis

Die Verdopplung des A/V-Verhältnisses von AV-18-38 zu AV-38-22 resultiert in einer Vervierfachung der Wärmeleitung (245 %) und einer Verringerung des konvektiven Übergangs um 26 %. Die weitere Vergrößerung des A/V-Verhältnisses von AV-38-22 zu AV-339-5 resultiert in einer Verdreifachung der Wärmeleitung (185 %) und einer Verringerung der Konvektion um 68 %. Für die Wärmeleitung ist dementsprechend prozentual betrachtet der Übergang von AV-18-38 zu AV-38-22 mit der größeren Veränderung verbunden. Insgesamt zeichnet sich das kleinste Volumen mit der größten Oberfläche (AV-339-5) durch den größten Leitungs- und geringsten Konvektionswärmestrom aus.

Werden statt der Wärmeströme die thermischen Widerstände von Leitung und Konvektion betrachtet, fällt auf, dass beide mit steigendem A/V-Verhältnis kleiner werden (vgl. Abbildung 4.4).

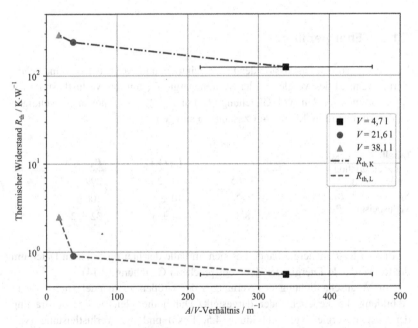

Abbildung 4.4 Thermische Widerstände aus Leitung ($R_{th,L}$) und Konvektion ($R_{th,K}$) in Abhängigkeit von dem A/V-Verhältnis

Die thermischen Widerstände der beiden Wärmeübergänge stellen eine Reihenschaltung dar, sodass sich der Gesamtwiderstand als Summe beider Widerstände ergibt. Das kleinste Gehäusevolumen mit größter innerer Oberfläche (AV-339-5) weist demnach den kleinsten thermischen Gesamtwiderstand auf. Während der thermische Leitungswiderstand insbesondere durch die Erhöhung des A/V-Verhältnisses von AV-18-38 zu AV-38-22 beeinflusst wird (-65 %), ist für den Konvektionswiderstand der Wechsel zwischen AV-38-22 zu AV-339-5 ausschlaggebender (-48 %). Des Weiteren fällt auf, dass sich die Größenordnung, in der die thermischen Konvektionswiderstände liegen, deutlich oberhalb der der Leitungswiderstände befindet. Daraus folgt, dass der konvektive Wärmeübergang für die Schnelligkeit der Wärmeübertragung bzw. die Menge an Energie, welche an die Umgebung abgegeben wird, bestimmend ist. Hieraus resultieren im Vergleich zur Wärmeleitung deutlich kleinere konvektive Wärmeströme.

4.1.3   Energiebilanz

Nach der separaten Diskussion des Energieeintrags und -verlusts kann eine Bilanzierung anhand des Vergleichs der Systemenergie E_S mit der Verlustleistung P_V vorgenommen werden (vgl. Gleichung (3.1) und (3.2)). Alle hierfür notwendigen Zahlenwerte sind in Tabelle 4.3 zusammengetragen.

Tabelle 4.3 Eckdaten der Volumenvariation hinsichtlich der Systemenergie E_S und der Verlustleistung P_V

Bez.	E_S / kJ	P_V / kW
AV-339-5	6 ± 2	299 ± 178
AV-38-22	10 ± 1	106 ± 22
AV-18-38	14 ± 5	32 ± 2

Bei der Systemenergie handelt es sich im Falle der hier diskutierten Daten um die freiwerdende Energie der Zelle entsprechend Gleichung (2.14).

Zur Veranschaulichung des Verhaltens der Größen zueinander sind diese in Abbildung 4.5 nebeneinander dargestellt. Durch die gleichzeitige Auftragung der Systemenergie (vgl. Abbildung 4.5, links) und der Verlustleistung (vgl. Abbildung 4.5, rechts) über das A/V-Verhältnis kann eine Antiproportionalität der beiden Größen zueinander beobachtet werden. Während die Systemenergie mit steigendem A/V-Verhältnis abnimmt, steigt die Verlustleistung an. Dementsprechend folgt, dass das System mit kleinstem A/V-Verhältnis (AV-18-38) am meisten Energie enthält und gleichzeitig am wenigsten Leistung an die Peripherie

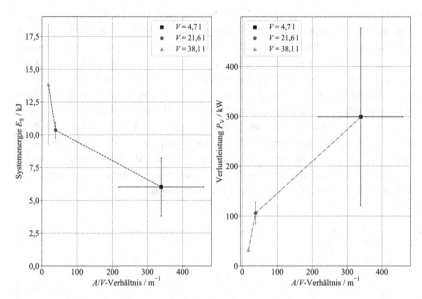

Abbildung 4.5 Systemenergie E_S (links) und Verlustleistung P_V (rechts) aufgetragen gegen das A/V-Verhältnis

verliert. Das System mit kleinstem A/V-Verhältnis weist in den hier untersuchten Konfigurationen das größte Volumen bei kleinster innerer Oberfläche auf.

4.1.4 Zusammenhang zum beobachteten Druck

Um diese Phänomene nun auf den resultierenden Druck zu übertragen, wird der Maximaldruck gegen die Systemenergie aufgetragen. Die während der Versuche gemessenen Maximaldrücke sind mit der zugehörigen Systemenergie nach Gleichung (3.1) in Tabelle 4.4 aufgelistet.

Tabelle 4.4
Systemenergien E_S und
Maximaldrücken p_{max} der
Volumenvariation

Bez.	E_S / kJ	p_{max} / bar
AV-339-5	6 ± 2	4,1 ± 0,3
AV-38-22	10 ± 1	4,7 ± 0,3
AV-18-38	14 ± 5	5,3 ± 0,4

Wie in Abbildung 4.6 zu sehen ist, besteht zwischen der Systemenergie und dem maximalen Druck eine lineare Abhängigkeit. Ein Anstieg der Systemenergie bewirkt demnach einen Anstieg des Maximaldrucks. Zwischen dem kleinsten Volumen (AV-339-5) und dem größten Volumen (AV-18-38) steigt die Systemenergie insgesamt um 130 %, was einen Anstieg des Maximaldrucks um 29 % zur Folge hat. Es gilt allerdings zu beachten, dass die Konfiguration AV-18-38 eine große Messunsicherheit aufweist, sodass auch die Möglichkeit einer geringeren Systemenergie als die des Volumens AV-38-22 besteht. Diese hat ihren Ursprung in der Messunsicherheit der Maximaltemperatur auf der Zelloberfläche. Der Grund für die Schwankungen konnte nicht anhand der Versuchsdaten geklärt werden. Gegebenenfalls könnten die Unterschiede im Alter der verwendeten Zellen ursächlich für die gemessenen Unterschiede sein.

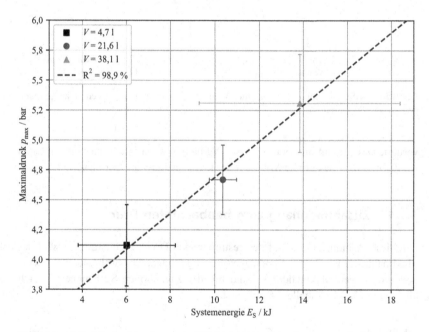

Abbildung 4.6 Maximaldruck p_{max} in Abhängigkeit von der Systemenergie E_S

Es kann hinsichtlich der Materialbelastung geschlussfolgert werden, dass eine Vergrößerung des freien Gehäusevolumens ohne gleichzeitige Vergrößerung der inneren Oberfläche nicht zu dem gewünschten Effekt der Druckverringerung führt. Wie gezeigt werden konnte, wirkt sich vor allem eine Vergrößerung des A/V-Verhältnisses, sprich der inneren Oberfläche, positiv in Form einer Reduktion des Maximaldrucks aus. Des Weiteren ist eine Verringerung der Sauerstoffmenge bis hin zur Inertisierung des Gehäuses anzustreben, da auf diese Art die durch den TR entstehende freigesetzte Gasmenge n und dementsprechend die Systemenergie E_S auf ein Minimum beschränkt und alle Temperaturen reduziert werden können. Eine Beschränkung der Sauerstoffmenge einzig durch die Verringerung des Gehäusevolumens sollte nicht oder nur begrenzt vorgenommen werden, da ein zu geringes Volumen zu unerwünscht hohen Drücken aufgrund der durch den TR entstehenden Gase führen kann (2–3 l · Ah^{-1}) [30].

Durch die zugrundeliegenden Annahmen, welche bei der Bestimmung der einzelnen Größen verwendet wurden, resultieren teils große Unsicherheiten. Zu berücksichtigen wären hier die in Abschnitt 2.4.1 genannten Annahmen des Fourierschen Gesetzes. Während die Ebenheit der Gehäusewände erfüllt ist, kann der Wärmestrom durch Leitung nicht als rein stationär angenommen werden. Grund hierfür ist die schnelle Temperaturänderung über den TR hinweg. Es handelt sich bei den betrachteten Zahlenwerten also lediglich um eine Maximalabschätzung des Wärmestroms anhand der jeweiligen maximal erreichten Temperaturen der Thermoelemente. Gleiches gilt für den konvektiven Wärmeübergang. Des Weiteren gestaltet sich die Bestimmung der inneren Oberfläche der jeweiligen Gehäusekonfiguration schwierig, da mit steigender Anzahl volumenverkleinernder Aluminiumbauteile vermehrt Luftpolster zwischen einzelnen Bauteilen auftreten. Jedes Luftpolster ermöglicht eine weitere Vergrößerung der Metalloberfläche mit direktem Kontakt zum Gasvolumen. Gleichermaßen ist auch die Bestimmung der Dicke, welche in den Wärmestrom durch Leitung einfließt, mit einer Unsicherheit behaftet, da diese sich je nach betrachteter Raumkoordinate unterscheiden kann. Da die genaue Bestimmung des Wärmeübergangskoeffizienten α systemspezifisch ist und experimentell bestimmt werden muss, kommt es auch hierdurch zu einer Vergrößerung der Messunsicherheit des konvektiven Wärmeübergangs. Der angenommene Wert von 5 W · m^{-2} · K^{-1} entspricht hierbei einem Vorgang mit geringer Turbulenz. Allerdings kann durch die Videoaufzeichnungen beobachtet werden, dass der Prozess des Ausgasens mit sichtbaren Turbulenzen einhergeht. Der tatsächliche Wärmeübergangskoeffizient muss demensprechend deutlich höher liegen, als er im Zuge der Berechnungen angenommen wurde. Der konvektive Wärmeübertrag wird folglich quantitativ unterschätzt. Auch bei der Betrachtung der freiwerdenden Energie können teils große Schwankungen beobachtet werden. Diese sind das Resultat der Messunsicherheit der Maximaltemperatur der Zelloberfläche bzw. der hohen Ansprechzeit der Thermoelemente. Darüber hinaus wird bei der Berechnung der freiwerdenden Energie der Zelle eine adiabate Umgebung zu Grunde gelegt. Da das Versuchsgehäuse allerdings nicht thermisch von der Peripherie isoliert ist, liegen keine adiabaten Versuchsbedingungen vor und die freiwerdende Energie wird in ihrer Quantität überschätzt. Auch bei der Betrachtung der Leckagerate erfolgt eine Berechnung des maximal möglichen Wertes anhand des erreichten Spitzendrucks. Da dieser allerdings über einen geringen Zeitraum anliegt, wird die tatsächlich auf diesem Weg generierte Leistungsverlust zu groß abgeschätzt. Alle hier genannten Messunsicherheiten treten in den folgenden Messreihen in gleicher Weise auf. Dennoch können durch die Quantifizierung der diskutierten Größen wertvolle Aussagen über die Verhältnismäßigkeiten und Hintergründe variierenden Verhaltens verschiedener Versuchskonfigurationen generiert werden.

4.1.5   Abweichung zur Literatur

Durch die Vergrößerung des freien Volumens von AV-339-5 auf AV-18-38 kommt es zu einem Anstieg des maximalen Drucks um 29 %. Dies entspricht dem entgegengesetzten Verlauf des Druckabfalls mit steigendem freien Volumen, wie er nach Dubaniewicz et al. zu erwarten war [19]. Erfolgt die Auftragung des Maximaldrucks jedoch über die innere Oberfläche des Gehäuses, so kann ein mit der Literatur übereinstimmender, abfallender Verlauf des Drucks beobachtet werden [100]. Eine Erhöhung der Oberfläche führt demnach zu einer Verringerung des entstehenden Gesamtdrucks bzw. der im System enthaltenen Energie (vgl. Abbildung 4.7).

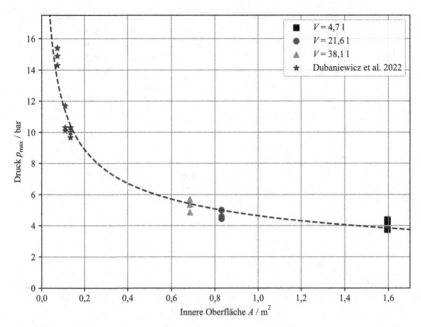

Abbildung 4.7 Maximaldruck p_{max} aufgetragen über die zur Verfügung stehende innere Gehäuseoberfläche A inkl. Literatur nach Dubaniewicz et al. [19, 100]. Der Übersichtlichkeit halber sind keine Messunsicherheiten eingezeichnet

Eine Auftragung der Abhängigkeit zwischen Volumen und innerer Oberfläche der Versuchsgehäuse zeigt das bereits zuvor beobachtete antiproportionale Verhalten von Gehäusevolumen zu innerer Oberfläche beim CUBEx-Versuchsgehäuse auf. Im Vergleich dazu besteht ein linearer Zusammenhang zwischen Oberfläche und Volumen bei Vergleichsversuchen nach Dubaniewicz et al. (vgl. Abbildung 4.8) [19, 100].

Dementsprechend können die nach Dubaniewicz et al. ermittelten Ergebnisse des Maximaldrucks nicht verallgemeinert werden. Gültigkeit besitzen diese nur, wenn eine direkte Proportionalität von Gehäusevolumen zu innerer Oberfläche besteht, da ansonsten eine Veränderung des Wärmeübertragungsverhaltens resultiert.

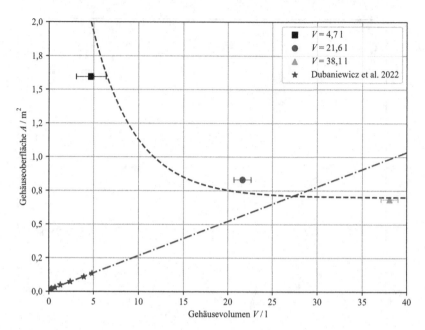

Abbildung 4.8 Vergleich der Abhängigkeit zwischen Volumen V und innerer Oberfläche A inkl. Literatur nach Dubaniewicz et al. [19, 100]

4.1.6 Stärke des Thermal Runaway

Entsprechend der in Abschnitt 2.1.1 und 2.4.4 vorgestellten Messgrößen kann eine weitere Beurteilung der Materialbelastung bei der Variation von Volumen und Oberfläche vorgenommen werden. Die hierfür relevanten Messgrößen sind in Tabelle 4.5 aufgeführt. Wie in Abschnitt 2.1.1 erläutert, kann die Intensität des TR anhand der DAZ, MAR und des K_G-Faktors beurteilt werden. In Versuchen nach Dubaniewicz et al. konnten unter anderem mathematische Zusammenhänge von MAR und K_G-Faktor zum freien Volumen pro Zellvolumen ermittelt werden [19]. Anhand dieser wird im Folgenden ein Literaturvergleich vorgenommen.

Da zwischen der Literatur und den experimentellen Daten dieser Arbeit kein antiproportionales Verhalten festgestellt werden konnte, wie es für den Maximaldruck der Fall war (vgl. Abschnitt 4.1.5), wird als Vergleichsgröße das freie Volumen pro Zellvolumen anstatt des A/V-Verhältnisses gewählt, sodass die literaturbekannten mathematischen Abhängigkeiten weiterverwendet werden können.

Tabelle 4.5 Kenngrößen des TR sowie die TNT-Äquivalente aus der Temperatur (Temp.) und dem Druck der Volumenmessreihe

Bez.	p_{max} / bar	DAZ / ms	MAR / bar $\cdot$ s^{-1}	K_G / bar $\cdot$ m $\cdot$ s^{-1}	TNT-Äq. / g	
					Aus Temp.	Aus Druck
AV-339–5	$4{,}1 \pm 0{,}3$	22 ± 6	219 ± 56	37 ± 9	$1{,}3 \pm 0{,}5$	$0{,}8 \pm 0{,}1$
AV-38–22	$4{,}7 \pm 0{,}3$	81 ± 27	97 ± 40	27 ± 11	$2{,}3 \pm 0{,}1$	$1{,}4 \pm 0{,}2$
AV-18–38	$5{,}3 \pm 0{,}4$	113 ± 16	89 ± 19	30 ± 6	$3{,}1 \pm 1{,}0$	$5{,}4 \pm 0{,}6$

Zu erkennen ist, dass mit steigendem Druck und Gehäusevolumen bzw. sinkender innerer Oberfläche der Druckanstieg mehr Zeit benötigt (DAZ) und langsamer verläuft (MAR). Ein Anstieg des Drucks um 29 % zwischen AV-339–5 und AV-18–38 bewirkt hierbei eine Vergrößerung der DAZ um 413 %. Die DAZ hängt des Weiteren näherungsweise linear vom freien Volumen pro Zellvolumen ab (vgl. Abbildung 4.9).

Aus dem Anstieg der DAZ resultiert eine Verringerung der MAR um 59 % (vgl. Abbildung 4.10). Der Verlauf entspricht hierbei dem in Versuchen nach Dubaniewicz et al. nachgewiesenen insofern, als dass die Werte der MAR bei einer Vergrößerung des freien Volumens absinken [19]. Wie in Abbildung 4.10 außerdem zu erkennen ist, befindet sich der experimentell ermittelte Wert für das Volumen von AV-339-5 (freies Volumen pro Zellvolumen: 293) im Vergleich zum Mittelwert der entsprechenden Literaturwerte nach Dubaniewicz et al. um 104 % nach oben verschoben [19]. Bei gleichem freiem Volumen findet der Druckanstieg in dem hier genutzten Gehäuse demnach schneller statt. Allerdings resultieren in der Literatur deutlich höhere Drücke von 10 bar (Mittelwert aus drei Versuchen nach Dubaniewicz et al.), sodass eine längere DAZ bis zum Erreichen dieses Drucks notwendig ist und eine geringere MAR resultiert [19].

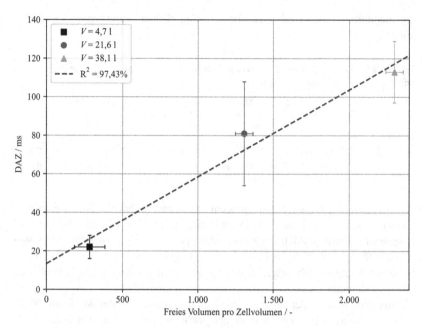

Abbildung 4.9 Mittelwerte der DAZ in Abhängigkeit vom freien Volumen pro Zellvolumen

Auch bei der Betrachtung größerer Verhältnisse des freien Volumens pro Zellvolumen fallen die experimentellen Daten (Abbildung 4.10, Grün/ ●und Orange/ ▲) stets größer aus als es der theoretische Verlauf nach Dubaniewicz et al. (Abbildung 4.10) vorsehen würde. Da in den Versuchen nach Dubaniewicz et al. eine größere Kapazität (3,2 vs. 3 Ah) verwendet wurde, kann aus dieser eine größere Menge freiwerdenden Gases gebildet werden. Des Weiteren nimmt die freiwerdende Gasmenge bei einer Vergrößerung des freien Volumens zu. Da die Freisetzung der Gase Zeit benötigt, vergrößert sich bei einer Erhöhung der freigesetzten Gasmenge auch die DAZ. Daraus folgt wiederum einer Verringerung der MAR, worauf die Unterschätzung der MAR durch den theoretischen Verlauf zurückzuführen sein könnte [19].

Auch der K_G-Faktor nimmt durch die Volumenvergrößerung von AV-339-5 auf AV-18–38 um 19 % ab. Es kann keine eindeutige Übereinstimmung des Verlaufs der ermittelten Ergebnisse mit den Literaturdaten nach Dubaniewicz et al. (Abbildung 4.11, gestrichelt) festgestellt werden [19]. Anstelle des monoton abfallenden

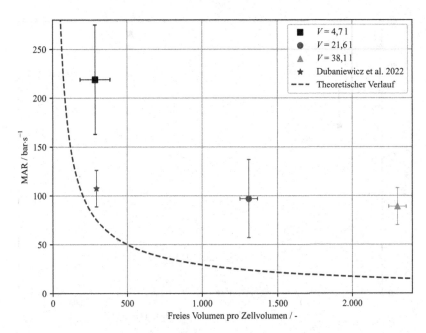

Abbildung 4.10 Mittelwerte der MAR in Abhängigkeit vom freien Volumen pro Zellvolumen inkl. Literaturdaten und theoretischem Verlauf nach Dubaniewicz et al. [19]

Trends nach Dubaniewicz et al., kann ein Anstieg des K_G-Faktors zwischen AV-38-22 und AV-18-38 (Abbildung 4.11, Grün/ ●bzw. Orange/ ▲) beobachtet werden. Im Rahmen der Messunsicherheiten ist allerdings keine eindeutige Aussage über die Abhängigkeit zwischen K_G-Faktor und dem freien Volumen pro Zellvolumen möglich. Darüber hinaus kann die gleiche Unterschätzung der ermittelten Messergebnisse der Konfiguration AV-339-5 beobachtet werden, wie es bereits bei der MAR der Fall war.

Diese Ergebnisse stehen im Widerspruch zu den Schlussfolgerungen hinsichtlich der Materialbelastung, wie sie sich aus dem maximalen Druck ergeben (vgl. Abschnitt 4.1.4). Während aus der Betrachtung des Drucks eine verstärkte Materialbelastung mit steigendem Volumen resultiert, folgt aus den Größen DAZ, MAR und K_G-Faktor das Gegenteil. Anhand der Dehnung der Gehäusewand konnte die Materialbelastung durch den Maximaldruck bestätigt werden. Dementsprechend stellt der Maximaldruck innerhalb dieser Versuche die ausschlaggebende Größe dar. Ergebnisse nach Dubaniewicz et al. zu den Größen MAR und K_G-Faktor

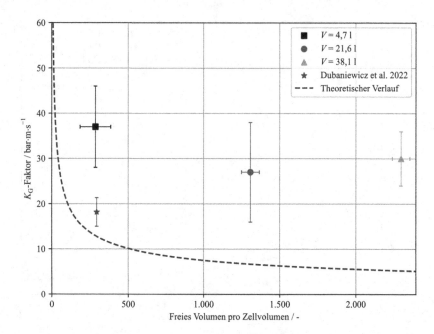

Abbildung 4.11 Mittelwerte der K_G-Faktoren in Abhängigkeit vom freien Volumen pro Zellvolumen inkl. Literaturdaten und theoretischem Verlauf nach Dubaniewicz et al. [19]

konnten des Weiteren zeigen, dass bei selbstähnlichen Gehäusen ein Druckanstieg mit einem Anstieg dieser beiden Größen einhergeht [19]. Es besteht deshalb die Möglichkeit, dass der hier beobachtete gegensätzliche Verlauf von MAR und K_G-Faktor zum Maximaldruck ebenfalls das Ergebnis einer veränderten Wärmeübertragung ist (vgl. Abschnitt 4.1.3).

Die Werte der TNT-Äquivalente aus Druck und Temperatur entsprechen in ihrem Verhalten wiederum der Schlussfolgerung, eine Volumenvergrößerung einhergehend mit einer Oberflächenverkleinerung führe zu einer Erhöhung der Materialbelastung (vgl. Abschnitt 4.1.4). Dies ist in Abbildung 4.12 dargestellt.

Wie zu erkennen ist, steigt das TNT-Äquivalent aus der Temperatur nahezu linear mit dem freien Volumen pro Zellvolumen an, wohingegen das TNT-Äquivalent aus den Druckwerten nur zwischen AV-339-5 und AV-38-22 parallel zu den temperaturabhängigen Werten verläuft. Der Wechsel vom AV-38-22 zu AV-18-38 bewirkt einen wesentlich größeren Anstieg um 282 %, wodurch die druckabhängigen TNT-Äquivalente im Falle

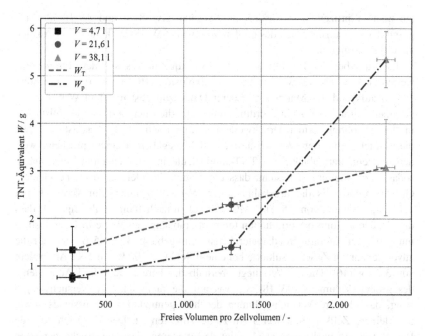

Abbildung 4.12 Mittelwerte der TNT-Äquivalente aus der Temperatur (W_T) und dem Druck (W_p) in Abhängigkeit vom freien Volumen pro Zellvolumen

des größten Volumens (AV-18-38) größer ausfallen als die temperaturabhängigen TNT-Äquivalente. Der Grund hierfür liegt wahrscheinlich in der Abstandsabhängigkeit der druckabhängigen TNT-Äquivalente (vgl. Gleichung (2.21)). Der Abstand d zwischen dem Explosionsort und der Messstelle des Drucks variiert je nach eingestelltem Volumen zwischen 0,17 m (AV-339-5), 0,2 m (AV-38-22) und 0,29 m (AV-18-38), da die Zelle jeweils auf den volumenverkleinernden Bauteilen platziert werden musste. Dementsprechend verändert sich d in einem größeren Maße zwischen AV-38-22 und AV-18-38 (45 %) als zwischen AV-339-5 und AV-38-22 (18 %). Hieraus resultiert ein stärkerer Anstieg des TNT-Äquivalents. Die temperaturabhängigen Werte des TNT-Äquivalents hingegen werden lediglich von der Veränderung des Gasvolumens beeinflusst. Das TNT-Äquivalent ändert sich zunächst um 72 % zwischen AV-339-5 und AV-38-22. Die weitere Volumenvergrößerung hin zu AV-18-38 bedeutet einen Anstieg um weitere 35 %. Da die Vergrößerung des Volumens von AV-339-5 zu AV-38-22 größer ausfällt, resultiert ein höherer prozentualer Anstieg als zwischen AV-38-22 und AV-18-38. Aufgrund der Messunsicherheit des großen Volumens (AV-18-38) kann dieser Anstieg allerdings variieren.

Es muss bei der Bestimmung des TNT-Äquivalentes aus den Temperaturwerten zudem beachtet werden, dass die Explosionseffizienz η_Z (vgl. Gleichung (2.19)) aufgrund des Mangels genauerer Daten zunächst mit dem Wert 1 angenommen wurde. Dieser gilt allerdings nur, wenn die Energie der Zelle vollständig in die Ausbildung einer Druckwelle übertragen wird [50]. Das ist im Falle dieses nicht adiabaten Versuchsaufbaus nicht gegeben. Dementsprechend werden die temperaturabhängigen TNT-Äquivalente in ihrer Quantität überschätzt, sodass die Möglichkeit besteht, dass diese auch die gleiche oder eine kleinere Größenordnung als die druckabhängigen Werte annehmen. Ein Vergleich mit TNT-Äquivalenten von 3,5 Ah NMC-811 Zellen nach Jiang et al. zeigt auf, dass die Größenordnung der ermittelten temperaturabhängigen Werte in Übereinstimmung mit der Literatur in adiabater Versuchsumgebung ($V = 55$ l) liegt. Für die zuvor genannten Zellen resultierte bei einem SoC von 100 % ein TNT-Äquivalent von 3,28 g [46]. Dieser Wert liegt oberhalb der berechneten TNT-Äquivalente des großen Volumens (AV-18-38), was auf die nicht adiabate Versuchsumgebung, das kleinere Versuchsvolumen des hier genutzten Versuchsstands sowie die kleinere Zellkapazität von 3 Ah zurückzuführen ist. Der Vergleich mit den Literaturwerten nach Jiang et al. zeigt des Weiteren, dass die druckabhängigen TNT-Äquivalente der Konfiguration AV-18-38 weit oberhalb der Literaturdaten liegen und dementsprechend nicht als korrekt angenommen werden können.

Aus beiden Berechnungsmethoden des TNT-Äquivalents geht schlussendlich hervor, dass eine Volumenvergrößerung eine Verstärkung der Materialbelastung mit sich bringt. Dieses Ergebnis bestätigt die Schlussfolgerung, welche aus den maximalen Drücken gezogen wurde.

4.2   Einfluss explosionsfähiger Gase

Anhand der Versuchskonfiguration AV-18-38 (bzw. AV-18-38*) wurden Gemische aus Propan bzw. Wasserstoff mit Luft im Vergleich zu einer reinen Luftatmosphäre untersucht. Die Gehäusekonfiguration wurde gewählt, um den Einfluss von Einbauten im Gehäuseinneren zu minimieren. Die Bezeichnung der Versuche, die zutreffende Gehäusekonfiguration sowie die reale Gemischzusammensetzung v sind in Tabelle 4.6 aufgeführt.

Durch das Beimengen der Brenngase kommt es zu einem zusätzlichen Energieeintrag (E_{Gas}), wodurch ein Anstieg der Materialbelastung beobachtet werden

Tabelle 4.6 Eckdaten der Brenngas-Luft- und Luftversuche

Atmosphäre	Bez.	Gehäusekonfiguration	v / vol.-%
Luft	G-Luft	AV-18-38[*]	100,0 ± 0,0
H_2/Luft	G-H_2	AV-18-38	31,0 ± 0,3
C_3H_8/Luft	G-C_3H_8	AV-18-38[*]	4,6 ± 0,1

konnte. Dieser wird im Folgenden anhand verschiedener Größen diskutiert. Zudem wird ein Vergleich zu den Literaturdaten reiner Gasexplosionen nach Tabelle 3.4 sowie zu Vergleichsversuchen unter identischen Versuchsbedingungen, allerdings ohne Zelle, gezogen.

4.2.1 Vergleichsversuche ohne Zelle

Um eine Einschätzung geben zu können, ob die Kombination aus TR und zusätzlicher Gasexplosion eine stärkere Materialbelastung darstellt als es eine alleinige Gasexplosion (auch: reine Gasexplosion) täte, werden je zwei Vergleichsversuche (V-H_2 bzw. V-C_3H_8) pro Brenngas-Luft-Gemisch unter gleichen Temperaturbedingungen und Gemischzusammensetzungen, aber ohne Zelle betrachtet. Diese Versuche wurden unabhängig von dieser Arbeit im Rahmen des „LIdEX"-Projektes (Lithium-Ionen-Akkumulatoren in druckfest gekapselten Gehäusen) durch Mitarbeitende der Physikalisch-Technischen Bundesanstalt in Braunschweig durchgeführt. Die Zündung fand durch eine Zündkerze statt, welche mittig auf dem Gehäuseboden platziert wurde. Die entsprechenden Messdaten sind in Tabelle 4.7 aufgelistet.

Tabelle 4.7 Kenngrößen der Vergleichsversuche reiner Gasexplosionen verschiedener Brenngas-Luft-Gemische ohne Zelle (Versuchskonfiguration AV-18-38[*])

Atmosphäre	Bez.	p_{max} / bar	DAZ / ms	MAR / bar · s^{-1}
H_2/Luft	V-H_2	7,2 ± 0,1	7,0 ± 0,4	1040 ± 5
C_3H_8/Luft	V-C_3H_8	7,8 ± 0,1	61,1 ± 1,2	124 ± 5

4.2.2 Anmerkungen zu den Messdaten der H$_2$-Luft-Versuche

Insgesamt wurden vier Versuche mit einer H$_2$-Luft-Atmosphäre durchgeführt (#1–4). Für den Vergleich mit weiteren Versuchsergebnissen werden die Versuche #1–3 genutzt, da der Druckwert des Versuchs #4 aufgrund einer zu niedrigen H$_2$-Konzentration (zwischen 24–28 vol.-%) für einen Vergleich nicht geeignet ist. Jedoch kam es in dem Versuch #1 zu Problemen bei der Erfassung der Onset- und freien Gastemperatur. Da die Onset-Temperatur unabhängig von der Gemischzusammensetzung ist, wurde sie als Mittelwert der Versuche #2–4 angenommen. Die Gastemperaturen wurden aufgrund der hinreichend kleinen Abweichung (max. 12 %) zu den Temperaturen der Versuche #2 und #3 aus dem Datensatz von Versuch #4 übernommen.

4.2.3 Energieeintrag

Im Gegensatz zu der im vorherigen Abschnitt diskutierten Messreihe unter Variation des freien Volumens wird innerhalb dieser Messreihe das Volumen konstant gehalten, während eine Veränderung der Zusammensetzung der Gasatmosphäre vorgenommen wird. Dementsprechend muss ein zusätzlicher Energieeintrag in Form derjenigen Energie E_{Gas}, die bei der Explosion dieser Gase freiwerden kann, berücksichtigt werden. Die für die jeweilige Gasatmosphäre resultierenden Ergebnisse sind in Tabelle 4.8 aufgelistet. Die Berechnung der Größen findet anhand von den Gleichungen (2.14), (2.15) und (3.1) statt.

Tabelle 4.8 Energieeinträge bei Variation der Atmosphäre im großen Versuchsgehäuse (AV-18-38)

Atmosphäre	O$_2$ / mol	T_{max} / °C	E_Z / kJ	E_{Gas} / kJ	E_S / kJ
Luft	0,36 ± 0,01	547 ± 55	16,9 ± 2,6	0,0 ± 0,0	16,9 ± 2,6
H$_2$/Luft	0,25 ± 0,01	529 ± 15	16,0 ± 0,7	11,8 ± 0,3	27,8 ± 0,7
C$_3$H$_8$/Luft	0,34 ± 0,01	498 ± 32	14,4 ± 1,6	14,8 ± 0,4	29,2 ± 1,6

Die Systemenergie E_S setzt sich für alle im Abschnitt 4.2 diskutierten Ergebnisse, in denen ein Brenngas verwendet wird, aus der Summe der freiwerdenden Energie der Zelle E_Z und der chemischen Energie der Brenngase E_{Gas} zusammen. Die beiden Energieeinträge sind einzeln in Abbildung 4.13 in Abhängigkeit von der Systemenergie dargestellt.

Wie in Abbildung 4.13 auf der linken Seite zu erkennen ist, sinkt die freiwerdende Energie der Zelle E_Z mit steigender Systemenergie E_S, während sich der Energieeintrag durch die Gasatmosphäre E_{Gas} mit steigender E_S erhöht. Das Absinken von E_Z wird wahrscheinlich sowohl durch die Verringerung der Sauerstoffmenge als auch der Maximaltemperatur ausgelöst.

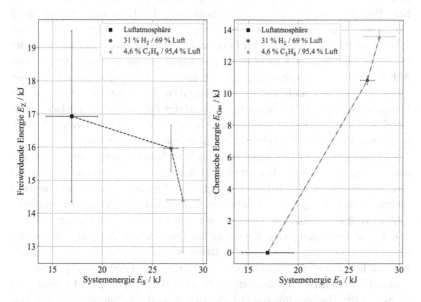

Abbildung 4.13 Freiwerdende Energie der Zelle E_Z (links) und chemische Energie der Brenngase E_{Gas} (rechts) aufgetragen über die Systemenergie E_S der Gasmessreihe

Durch die Verringerung der Sauerstoffmenge kommt es zu einer Abnahme der Oxidation des Elektrolyts. Dadurch wird weniger Wärme freigesetzt, sodass ein Absinken der Maximaltemperatur auf der Zelloberfläche die Folge ist (vgl. Abschnitt 2.1.2). Hierbei gilt es zu beachten, dass die Maximaltemperatur auf der Zelloberfläche von G-H$_2$ leicht unterhalb der MIT (560 °C, vgl. Tabelle 3.4) liegt und die Oberflächentemperatur dementsprechend nicht ausreichend hoch für die Zündung des Brenngasgemisches ist. Für G-C$_3$H$_8$ wird die notwendige MIT von 459 °C knapp erreicht. Dennoch liegt der Schluss nahe, dass die Zündung der Brenngas-Luft-Gemische aufgrund aus der Zelle austretender heißer Partikel bzw. Funken stattfindet. Für die Zündung ist dementsprechend nicht die Oberflächentemperatur der Zelle maßgeblich. Die Werte der Maximaltemperatur werden allerdings auch durch die Temperatur bestimmt, welche durch die Explosion der umgebenden Gasatmosphäre entsteht und nicht ausschließlich durch die Sauerstoffmenge. Wäre diese der einzige Einflussfaktor, hätte der Energiebeitrag E_Z für G-C$_3$H$_8$ aufgrund der größeren Sauerstoffmenge höher ausfallen müssen als der der H$_2$-Luft-Atmosphäre (vgl. Tabelle 4.8). Aufgrund der unterschiedlichen Eigenschaften der Brenngase erzeugen diese verschieden heiße Flammen bzw. Explosionsvorgänge. Um einen qualitativen Eindruck zu gewinnen, kann ein Vergleich der adiabaten Flammentemperatur vorgenommen werden. Nach Tabelle 3.4 erzeugt H$_2$ eine höhere Flammentemperatur, wodurch eine Erhöhung der Werte von T_{max} und somit von E_Z zustande kommen könnte. Anhand von Abbildung 4.13 wird allerdings klar, wie groß die Schwankung der Werte von E_Z im Falle von G-Luft und G-C$_3$H$_8$ ausfallen. Diese sind das Ergebnis der Messunsicherheit der Maximaltemperatur auf der Zelloberfläche, weshalb der in Abbildung 4.13 links dargestellte Trend lediglich als erster Hinweis auf einen möglichen Verlauf des Energiebeitrags E_Z angesehen werden darf.

Für eine genauere Betrachtung bedarf es sowohl einer verbesserten Ansprechzeit der Thermoelemente als auch einer homogeneren Gaszusammensetzung bei dem Beginn des TR. Durch die Inhomogenitäten der Gasatmosphäre aufgrund des uneinheitlichen Ausgasens der Zelle kommt es bei der Explosion der Gasatmosphäre ebenfalls zu lokalen Unterschieden, welche sich in der Messunsicherheit von E_Z widerspiegeln. Gegebenenfalls hat auch die DAZ einen Einfluss auf die Messunsicherheit. Dieser Einflussfaktor wird zu einem späteren Zeitpunkt genauer betrachtet. Aus den diskutierten Werten der Energieeinträge resultiert demnach die höchste Systemenergie für G-C$_3$H$_8$, wohingegen der niedrigste Werte bei der Verwendung von G-Luft erreicht wird. Die Nutzung von G-C$_3$H$_8$ resultiert im Vergleich zu G-Luft in einer 72 % und im Vergleich zu G-H$_2$ in einer 5 % höheren Systemenergie.

4.2.4 Zusammenhang von Energieeintrag und -verlust zum Druck

Tabelle 4.9 zeigt die Systemenergie E_S im Vergleich zu der Verlustleistung P_V sowie dem resultierenden Druck p_{max} auf (vgl. Gleichung (3.1) und (3.2)).

Tabelle 4.9 Zusammenfassung der Energieeinträge und Verlustmechanismen bei Variation der Gasatmosphäre

Atmosphäre	E_S / kJ	P_V / kW	p_{max} / bar
Luft	$16{,}9 \pm 2{,}6$	70 ± 5	$5{,}8 \pm 0{,}9$
H_2/Luft	$27{,}8 \pm 0{,}7$	31 ± 3	$8{,}0 \pm 0{,}1$
C_3H_8/Luft	$29{,}2 \pm 1{,}6$	84 ± 19	$8{,}2 \pm 0{,}0$

Wie zu erkennen ist besteht im Vergleich zur vorherigen Messreihe (Variation des Volumens) kein eindeutiger Zusammenhang zwischen E_S und P_V (vgl. Abbildung 4.14). Wird eine reine Luftatmosphäre ohne zusätzliches Brenngas (G-Luft) vorgesehen, folgt ein Anstieg von P_V um 130 % im Vergleich zu G-H_2, welche die kleinste Verlustleistung aufweist. Wird anstelle von H_2 C_3H_8 genutzt, steigt P_V um weitere 20 %. Trotz der höchsten Systemenergie weist G-C_3H_8 die höchste Verlustleistung auf. Allerdings kommt es bei diesem Brenngas-Luft-Gemisch auch zu der größten beobachteten Messunsicherheit, in deren Rahmen es auch möglich wäre, dass die Verlustleistung von G-C_3H_8 unterhalb der reiner Luft liegt. Aus diesem Grund kann auf Basis der hier gewonnenen Messwerte bzw. anhand der gewählten Größe der Verlustleistung nur eine begrenzte Aussage bezüglich deren Verlauf getroffen werden. Eindeutig geht jedoch hervor, dass die geringste Verlustleistung bei G-H_2 auftritt.

Dies ist der Nutzung eines Gehäusedeckels aus Edelstahl anstelle von Aluminium sowie der Berechnungsmethode des Wärmeleitungsstroms geschuldet. Da Edelstahl eine niedrigere Wärmeleitfähigkeit als Aluminium aufweist und es sich bei allen berechneten Wärmeleitungsströmen um Maximalabschätzungen handelt, in denen die Schnelligkeit der Explosion nicht betrachtet wird, resultierten grundsätzlich kleinere Wärmeströme bei dem Einsatz des Edelstahldeckels. Jedoch ermöglicht die kurze Dauer der Explosion von G-H_2 über die entsprechende DAZ hinweg lediglich einen Energieübertrag von maximal 742 J (Aluminium) bzw. 202 J (Edelstahl) an die Peripherie. Die Differenz von 540 J, die durch die Variation des Gehäusedeckels für G-H_2 entstünde, ist im Vergleich zu den hier

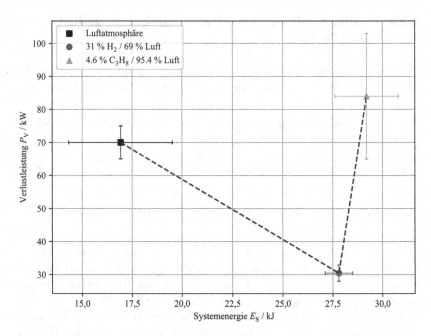

Abbildung 4.14 Verlustleistung P_V in Abhängigkeit von der Systemenergie E_S bei Variation der Gasatmosphäre

diskutierten Energiewerten, welche im zweistelligen kJ-Bereich liegen, vernachlässigbar gering (vgl. Tabelle 4.8). Die Abweichung der Werte durch den Wechsel des Gehäusedeckels ist für G-H$_2$ dementsprechend irrelevant.

Wie Abbildung 4.15 darstellt, herrscht auch in dieser Messreihe ein nahezu linearer Zusammenhang zwischen der Systemenergie und dem resultierenden Druck. Entgegen der Schlussfolgerung, welche aus dem Volumenvergleich in Abschnitt 4.1 resultiert, hat eine erhöhte Verlustleistung hier keine Verringerung der Systemenergie beziehungsweise des Drucks zur Folge. Der Energieeintrag durch die Brenngase in der Gasatmosphäre wirkt vielmehr bestimmend für Druck und Systemenergie. Die Messunsicherheit der Systemenergie, welche bei der G-C$_3$H$_8$ beobachtet werden kann, lässt allerdings auch die Option einer gleichen oder niedrigeren Systemenergie dieses Gemisches zu, als sie bei G-H$_2$ auftritt. Die höchste anhand des Drucks festgestellte Materialbelastung, resultiert für G-C$_3$H$_8$. G-Luft führt hingegen zu der geringsten Belastung. Im Vergleich zu G-Luft bewirkt G-H$_2$ einen um 37 % sowie die G-C$_3$H$_8$ einen um 41 % erhöhten Druck. Dies stimmt in der Verhältnismäßigkeit mit den Literaturdaten

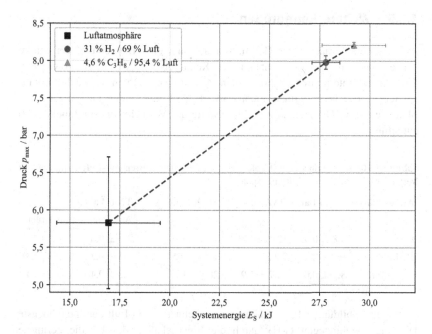

Abbildung 4.15 Maximaldruck p_{max} in Abhängigkeit von der Systemenergie E_S bei Variation der Gasatmosphäre

nach Tabelle 3.4 überein. Allerdings fallen die hier experimentell ermittelten Druckwerte geringer aus als es nach Literaturangaben reiner Gasexplosionen zu erwarten war.

Wird eine reine Gasexplosion in dem hier verwendeten Versuchsgehäuse betrachtet, bewirkt die Zugabe von H_2 einen Maximaldruck von 7,2 bar (V-H_2) und die von C_3H_8 einen Druck von 7,8 bar (V-C_3H_8). Diese Werte liegen unterhalb jener, welche durch die Kombination des TR und der Gasexplosion entstehen (vgl. Tabelle 4.9). Im Vergleich von V-H_2 mit G-H_2 kommt es zu einem um 11 % höheren Druck durch den TR. Im Fall von V-C_3H_8 erhöht sich der Druck durch den TR lediglich um 5 %. Für beide Brenngas-Luft-Gemische ist der Einfluss der Zelle auf den Maximaldruck klein. Folglich steigt die Materialbelastung zwar durch die Kombination beider Phänomene, jedoch nur um maximal 11 %. Hinsichtlich des Maximaldrucks bedeutet eine alleinige Gasexplosion der untersuchten Brenngase also eine vergleichbare Materialbelastung wie das zeitgleiche Auftreten von Gasexplosion und TR.

4.2.5　Weitere Kenngrößen

Auch für die Variation der Gasatmosphäre kann eine Betrachtung der Stärke der exothermen Vorgänge anhand der Kenngrößen DAZ, MAR sowie den TNT-Äquivalenten durchgeführt werden. Auf die Angabe von K_G-Faktoren wird verzichtet, da das Volumen nicht variiert wird und somit die Angabe der MAR ausreicht. Die zugehörigen Mittelwerte der Versuche sind in Tabelle 4.10 aufgeführt.

Tabelle 4.10 Kenngrößen der Explosionen verschiedener Brenngas-Luft-Gemische im Vergleich mit einer reinen Luftatmosphäre

Atmosphäre	p_{max} / bar	DAZ / ms	MAR / bar $\cdot$ s^{-1}	TNT-Äq. / g	
				Aus Temp.	Aus Druck
Luft	$5{,}8 \pm 0{,}9$	$121{,}2 \pm 30{,}3$	75 ± 9	$3{,}8 \pm 0{,}6$	$7{,}6 \pm 1{,}5$
H_2/Luft	$8{,}0 \pm 0{,}1$	$7{,}2 \pm 0{,}5$	1111 ± 95	$3{,}6 \pm 0{,}2$	$10{,}3 \pm 0{,}3$
C_3H_8/Luft	$8{,}2 \pm 0{,}0$	$42{,}7 \pm 5{,}9$	203 ± 4	$3{,}2 \pm 0{,}4$	$10{,}8 \pm 0{,}4$

Wie in Abbildung 4.16 zu erkennen ist, zeichnet sich G-Luft durch die höchste DAZ aus, wohingegen G-H_2 durch die Eigenschaften des H_2 die geringste aufweist (vgl. Abschnitt 3.1.5). Beide Brenngas-Luft-Gemische bewirken eine Verringerung der DAZ gegenüber G-Luft und somit einen beschleunigten Druckanstieg. Im Vergleich zu G-Luft findet der Druckanstieg durch die Zugabe von C_3H_8 knapp dreimal so schnell (Verringerung um 65 %) und durch den Zusatz von H_2 siebzehn Mal so schnell statt (Verringerung um 94 %).

Des Weiteren sind die Daten der obengenannten Vergleichsversuche V-H_2 und V-C_3H_8 (✱ bzw. ▼) eingezeichnet. Wie zu erkennen ist, folgt aus G-H_2 eine größere DAZ als für V-H_2 (7,0 vs. 7,2 ms). Der TR bewirkt also eine Verzögerung des Druckanstiegs um 4 %. Im Rahmen der Messunsicherheit könnten sich die Werte mit und ohne TR allerdings auch entsprechen, sodass im Folgenden angenommen wird, dass der TR auf die DAZ von G-H_2 einen vernachlässigbaren Einfluss hat. Wird hingegen G-C_3H_8 vorgesehen, folgt durch den zusätzlichen TR eine Verringerung der DAZ, also ein beschleunigter Druckanstieg, von 61,1 zu 42,7 ms. Folglich bewirkt die Kombination aus TR und Gasexplosion für H_2 keine Änderung der Materialbelastung, wohingegen es für C_3H_8 zu einer verschärften Materialbelastung kommt.

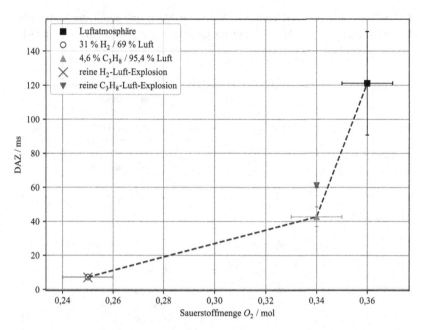

Abbildung 4.16 DAZ in Abhängigkeit von der Sauerstoffmenge im Gasvolumen O_2 je nach verwendeter Brenngas-Luft-Atmosphäre sowie Vergleichsversuche ohne TR (✖, ▼)

Das unterschiedliche Verhalten der Brenngase könnte seinen Ursprung in der Konkurrenz zwischen der Gasexplosion und dem TR um die vorhandene Sauerstoffmenge haben. Für beide hier verwendete Brenngase stellt der TR im in der gleichen Gehäusekonfiguration einen langsameren Vorgang als die Gasexplosion dar (vgl. Tabelle 4.7 und Tabelle 4.10). Je mehr Zeit letztere benötigt, desto mehr Sauerstoff kann für die Oxidation des Elektrolyts und daraus folgend die Produktion von Gas genutzt werden. Da beide Abläufe zeitgleich Sauerstoff verbrauchen, resultiert eine Beschleunigung des Druckanstiegs. Dieser Effekt ist umso ausgeprägter, je größer die DAZ der Gasexplosion ausfällt. Da sich H_2 durch eine sehr kurze DAZ auszeichnet, kann der Einfluss des TR auf die DAZ nicht bzw. kaum beobachtet werden.

Wie bereits zuvor festgestellt, führt die kürzeste DAZ (H_2-Luft-Atmosphäre) unabhängig von der Anwesenheit der Zelle zu den größten Werten für die MAR. Ein Vergleich mit den zugehörigen Literaturwerten (vgl. Tabelle 3.4 und Abbildung 4.17, ✱) zeigt auf, dass bei Zugabe einer Brenngas-Luft-Atmosphäre in

Kombination mit dem TR geringere Werte für MAR und somit die Materialbelastung resultieren. Die Abweichung zur Literatur beträgt 28 % im Fall von G-H_2 und 46 % im Fall von G-C_3H_8.

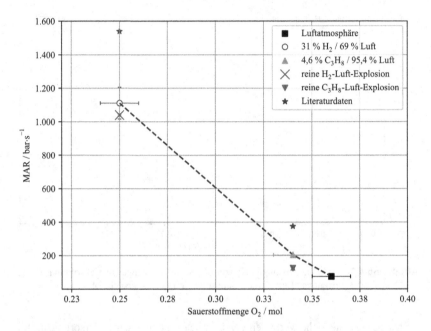

Abbildung 4.17 MAR in Abhängigkeit von der Sauerstoffmenge im Gasvolumen O_2 je nach verwendeter Brenngas-Luft-Atmosphäre inkl. Literaturdaten (★) und Vergleichsversuchen ohne TR (✖, ▼) [78, 79]

Die als Kreuz (V-H_2) und Dreieck (V-C_3H_8) dargestellten Vergleichsversuche erzeugen eine 6 % kleinere MAR im Fall von V-H_2 sowie eine um 39 % kleinere MAR im Fall von V-C_3H_8 als der jeweilige Versuch inkl. TR. Die Kombination aus Gasexplosion und TR führt dementsprechend in beiden Fällen zu einer höheren Materialbelastung als die jeweilige alleinige Gasexplosion. Allerdings gilt auch hier für H_2, dass sich die Werte mit und ohne TR aufgrund der Messunsicherheit überschneiden.

Auffällig ist, dass sich die MAR für beide Brenngas-Luft-Gemische mit und ohne TR gleich verhält, obwohl dies bei der DAZ nicht der Fall ist. Dieser Umstand ist vermutlich darauf zurückzuführen, dass der Druck im Vergleich von G- mit V-H_2 stärker sinkt als die DAZ (11 vs. 4 %). Da die MAR auf dem

Verhältnis dieser Werte basiert (vgl. Abschnitt 3.2.2), folgt eine geringere MAR für V-H_2, obwohl das Verhalten der DAZ zunächst das Gegenteil bzw. keine Änderung suggeriert. Aus der MAR folgt, dass die Materialbelastung für G-H_2 am größten und im Fall von G-Luft am geringsten ausfällt. Dies befindet sich nicht in vollständiger Übereinstimmung mit der Interpretation, welche aus den Maximaldrücken hervorgeht, da hier die höchste Materialbelastung bei G-C_3H_8 beobachtet wird. Aufgrund der Tatsache, dass die Druckwerte anhand der Dehnungswerte des DMS verifiziert werden können, stellt, der Maximaldruck erneut das bessere Maß für die Materialbelastung dar (vgl. Abschnitt 4.1).

Dies spiegelt sich auch in den druckabhängigen TNT-Äquivalenten wider (vgl. Abbildung 4.18, gestrichelt). Diese steigen mit der Systemenergie an, sodass sich G-Luft durch das niedrigste druckabhängige TNT-Äquivalent und G-C_3H_8 durch das höchste auszeichnet. Dies entspricht dem Verlauf des Drucks in Abhängigkeit von der Systemenergie (vgl. Abbildung 4.15). Im Vergleich zu G-Luft zeichnet sich G-H_2 durch ein 35 % größeres und G-C_3H_8 durch ein 41 % größeres TNT-Äquivalent aus. Diese Prozentsätze stimmen mit denen der Druckunterschiede überein.

Anders verhalten sich jedoch die Werte des temperaturabhängigen TNT-Äquivalents (vgl. Abbildung 4.18, Strichpunkt), welche mit steigender Systemenergie abnehmen. G-Luft zeichnet sich durch das größte TNT-Äquivalent aus. Dieses ist 6 % größer als das einer H_2-Luft- und 18 % größer als das einer C_3H_8-Luft-Atmosphäre bei gleichzeitigem TR. Aufgrund der Messunsicherheit besteht für G-Luft die Möglichkeit kleinerer Werte.

Der Verlauf des temperaturabhängigen TNT-Äquivalentes ähnelt dem der freiwerdenden Energie E_Z in Abhängigkeit von der Systemenergie E_S (vgl. Abbildung 4.13, links), welche als Bestandteil in die Berechnung des TNT-Äquivalents eingeht (vgl. Gleichung (2.19)). E_Z wird sowohl durch die Sauerstoffmenge als auch durch die bei der Gasexplosion entstehenden Temperaturen bestimmt. Da die Sauerstoffmenge für G-Luft am höchsten ist, resultiert die größte freiwerdende Energie durch die Zelle und infolgedessen das höchste TNT-Äquivalent. Dass das TNT-Äquivalent von G-H_2 das von G-C_3H_8 überschreitet, obwohl die Sauerstoffmenge im Gasvolumen im Fall von G-H_2 am niedrigsten ist, könnte ebenfalls der Temperatur geschuldet sein, welche bei der Explosion von H_2 bzw. C_3H_8 entsteht (vgl. Abschnitt 4.2.3). Da H_2 eine heißere adiabate Flammentemperatur aufweist, könnte dies der Grund für eine höhere freiwerdende Energie und somit ein höheres TNT-Äquivalent sein (vgl. Tabelle 3.4).

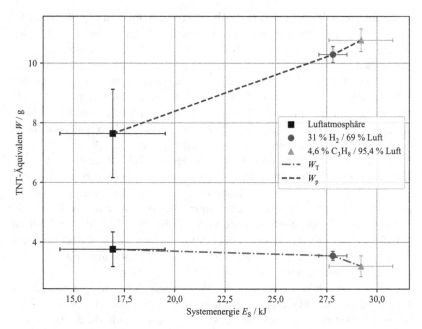

Abbildung 4.18 TNT-Äquivalente aus Temperatur (W_T) und Druck (W_p) in Abhängigkeit von der Systemenergie E_S je nach verwendeter Brenngas-Luft-Atmosphäre

4.2.6 Überlagerung von Gasexplosion und Thermal Runaway

Dieser Abschnitt dient der Betrachtung qualitativer Unterschiede im Druckverlauf je nach Brenngas-Luft-Gemisch.

Zu diesem Zweck ist der Druckverlauf je eines H_2- (gepunktet) und C_3H_8-Luft-Versuchs (durchgezogen) in Abbildung 4.19 dargestellt. Der Zeitpunkt $t = 0$ s stellt hierbei den Beginn des TR dar. Der Vergleich zeigt auf, dass es bei der Nutzung einer C_3H_8-Luft-Atmosphäre zu Oszillationen während des Druckanstiegs kommt. Diese sind in deutlich schwächerer Form auch auf dem Druckverlauf der H_2-Luft-Explosion zu erkennen. Anhand der Analyse der Versuchsdaten wurde in den vorherigen Abschnitten bereits festgestellt, dass die Kombination aus TR und zeitgleicher Gasexplosion zu einer erhöhten Materialbelastung führt.

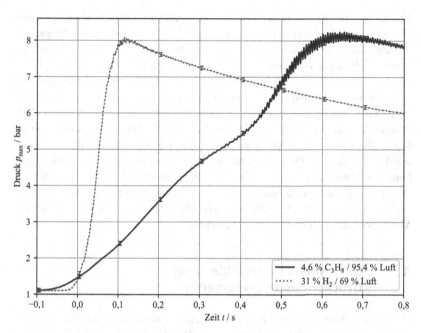

Abbildung 4.19 Verlauf von p_{max} in Abhängigkeit von der Zeit t zweier repräsentativer Versuche mit H_2- (gepunktet) und C_3H_8-Luft-Atmosphäre (durchgezogen). $t = 0$ s entspricht dem Beginn des TR. Alle 2000 Messwerte wurde die Messunsicherheit eingezeichnet

4.2.7 Zusammenfassung

Zusammenfassend konnten die folgenden Schlussfolgerungen gezogen werden: Die Materialbelastung durch die Kombination aus TR und Gasexplosion fällt hinsichtlich des Drucks am höchsten für G-C_3H_8 und am geringsten für G-Luft aus. Auf Basis von DAZ und MAR hingegen erzeugt G-H_2 die höchste Materialbelastung, während die geringste Belastung weiterhin durch G-Luft entsteht. Aufgrund der Dehnungsmessung wird davon ausgegangen, dass die Schlussfolgerung der Höhe der Materialbeanspruchung aus dem Maximaldruck sinnvoller ist. Das Verhalten des Drucks deckt sich mit den Werten des druckabhängigen TNT-Äquivalents, wohingegen die temperaturabhängigen Werte mit steigender Systemenergie sinken und so dem Verlauf der freiwerdenden Energie der Zelle entsprechen. Auch bei einer Variation der Gasatmosphäre zeigt sich zwischen Druck und Systemenergie ein linearer Zusammenhang. Die Ergebnisse des

Drucks und der MAR stimmen im Verhalten mit der Literatur überein. Jedoch kommt es zu Abweichungen hin zu niedrigeren Werten. Anhand der Vergleichs-versuche ohne TR konnte gezeigt werden, dass der Einfluss des TR auf den Druck unabhängig vom Brenngas gering ist. In beiden Fällen wird der Druck durch den zusätzlichen TR leicht erhöht (5 bzw. 11 %). Hinsichtlich der DAZ verhalten sich G-H_2 und G-C_3H_8 verschieden. Bei G-H_2 führt der zusätzliche TR im Rahmen der Messunsicherheit zu keiner Veränderung der DAZ, bei G-C_3H_8 zu einer Verkleinerung. Mit steigender DAZ wird die Abweichung durch den TR größer. Bezüglich der MAR kommt es zu einer Erhöhung der Werte aufgrund des TR. Die Kombination aus Zelle und Gasexplosion führt also zu einer Erhö-hung der Materialbelastung. Dieses Ergebnis befindet sich in Übereinstimmung mit Messungen nach Dubaniewicz et al., in denen die Kombination einer Methan-explosion mit dem TR ebenfalls zu einem erhöhten Druck und somit verstärkter Materialbelastung führte (7,5 vs. 8,5 bar) [15].

4.3 Untersuchung verschiedener Druckentlastungselemente

Der nachfolgende Abschnitt dient der vertieften Untersuchung des Einflusses der inneren Oberfläche durch die Nutzung von Druckentlastungselementen. Anhand des Vergleichs der Versuchskonfigurationen AV-18-38* und AV-275-37 mitein-ander, wobei letztere zwei Pakete aus Streckgittern verschiedener Maschenweite enthält, wird die Fähigkeit einer vergrößerten inneren Oberfläche zur Druckent-lastung evaluiert. Des Weiteren wird der Einfluss von Undichtigkeiten auf das Messergebnis anhand des Vergleichs zweier verschieden dichter Gehäusedeckel miteinander erläutert.

4.3.1 Druckentlastung durch die Erhöhung der inneren Oberfläche

Der Einsatz zweier Streckgitterpakete führt zu einer Oberflächenvergrößerung um 1396 % und einer Verringerung des freien Gasvolumens um 2 %. Im Fokus der festgestellten Effekte dieser Form der internen Druckentlastung steht deshalb die innere Oberfläche. Wie in Abbildung 4.20 zu sehen ist, führt die Erhöhung dieser zu einer Druckreduktion um 49 %. Des Weiteren kommt es zu einer Verringe-rung der Messunsicherheit durch den Einsatz der Messgitter. Die Ursache dieses Verhaltens konnte nicht geklärt werden.

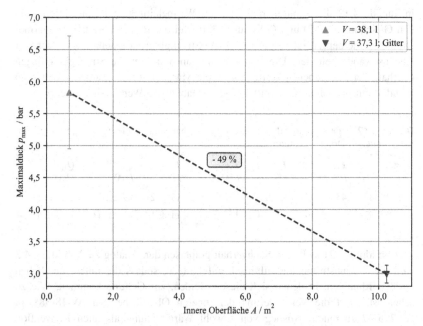

Abbildung 4.20 Vergleich der Versuchskonfigurationen mit (AV-275-37, ▼) und ohne Druckentlastung (AV-18-38*, ▲) hinsichtlich des Drucks p_{max} in Abhängigkeit von der inneren Oberfläche A

Auch der Energieeintrag durch die Zelle wird von der Druckentlastung beeinflusst. Wie Tabelle 4.11 aufzeigt, sinkt trotz nahezu gleichbleibender Sauerstoffmenge die Maximaltemperatur auf der Zelloberfläche um 20 % durch den Einsatz der internen Druckentlastung. Infolgedessen verringert sich die durch die Zelle freigesetzte Energie um 28 %.

Tabelle 4.11 Mittelwerte der Versuchsdaten bei interner Druckentlastung hinsichtlich der Energieeinträge

Bez.	O_2 / mol	T_{max} / °C	E_Z / kJ
AV-18–38*	0,36 ± 0,01	547 ± 55	17 ± 3
AV-275–37	0,35 ± 0,01	440 ± 20	12 ± 1

* Nutzung des dichteren Aluminiumdeckels

Hintergrund dieses Verhaltens ist der verbesserte Wärmeübergang, welcher durch die Oberflächenvergrößerung erreicht wird. Um diesen zu illustrieren, sind in Tabelle 4.12 die ermittelten Werte von Wärmeleitung und Konvektion nach den Gleichungen (2.7) und (2.8) aufgeführt. Bei der Berechnung beider Wärmeströme wurde berücksichtigt, dass sich die Streckgitter lediglich an zwei der vier Gehäusewände befinden. Die Wärmeströme an und über die Streckgitter liegen oberhalb der angegebenen Werte. Durch die Mittelwertbildung aus den Daten an Wänden mit und ohne Streckgitter liegt der tabellierte Wert deshalb niedriger.

Tabelle 4.12 Übersicht über die Energieverlustmechanismen sowie zugehörige Temperaturen bei interner Druckentlastung

Bez.	T_∞ / °C	T_i / °C	T_{Gitter} / °C	T_a / °C	$\dot{Q}_L$ / kW	$\dot{Q}_K$ / kW
AV-18-38*	455 ± 38	88 ± 6	–	17 ± 2	69 ± 5	$1,2 \pm 0,1$
AV-275-37	315 ± 26	32 ± 4	165 ± 17	11 ± 1	373 ± 41	$11,9 \pm 1,0$

Abbildung 4.21 stellt den Sachverhalt graphisch dar. Analog zu Abbildung 4.3 sind die Wärmeströme logarithmisch aufgetragen, sodass die unterschiedlichen Größenordnungen, in denen sich diese befinden, zur Geltung kommen. Wie zu sehen ist, führt die Vergrößerung der inneren Oberfläche von AV-18-38* zu AV-275-37 zu einem Anstieg von sowohl Wärmeleitung als auch Konvektion um 442 % bzw. 892 %. Die Vergrößerung der Oberfläche wirkt sich insbesondere auf den konvektiven Wärmeübergang aus, was aufgrund der Berechnungsvorschrift zu erwarten ist. Auch anhand der Oberflächentemperatur der Gitter T_{Gitter} im Vergleich zu der Innenwandtemperatur einer Gehäusewand ohne Druckentlastung zeigt sich, dass deutlich mehr Energie an die Oberfläche der Streckgitter transportiert wird. Durch den verbesserten Wärmeabtransport sinkt auch die Temperatur im freien Gasvolumen T_∞ um 38 %.

Durch den Anstieg der Wärmeströme folgt nach Gleichung (3.2) eine Erhöhung der Verlustleistung um 449 % (vgl. Tabelle 4.13). Entsprechend der Schlussfolgerung aus Abschnitt 4.1.3, nach der eine erhöhte Verlustleistung zu einer Reduktion der Systemenergie und infolgedessen des Maximaldrucks führt, kommt es zu einem Abfall beider Größen. Der Druck sinkt hierbei in größerem Maße als die Systemenergie (49 vs. 28 %) und kann durch den Einsatz der Streckgitter nahezu halbiert werden.

Der Einfluss der Druckentlastung auf die weiteren Kenngrößen des TR fällt gering aus (vgl. Tabelle 4.14). Aus diesem Grund werden lediglich DAZ und MAR betrachtet. Während sich die DAZ aufgrund des geringen Unterschieds (Verringerung um 4 %) bei gleichzeitig großen Messunsicherheiten kaum verändert, sinkt die MAR um 41 % ab, was einer verringerten Materialbelastung

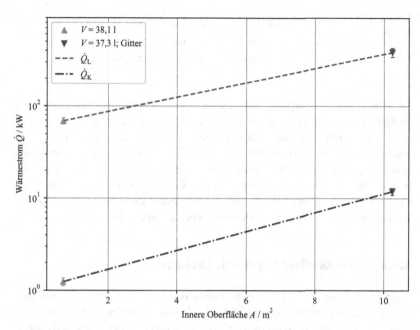

Abbildung 4.21   Wärmeströme durch Leitung ($\dot{Q}_L$) und Konvektion ($\dot{Q}_K$) in Abhängigkeit von der inneren Oberfläche A bei interner Druckentlastung

Tabelle 4.13   Energiebilanz sowie der resultierende Maximaldruck p_{max} bei interner Druckentlastung

Bez.	E_S / kJ	P_V / kW	p_{max} / bar
AV-18-38*	17 ± 3	70 ± 5	$5{,}8 \pm 0{,}9$
AV-275-37	12 ± 1	385 ± 42	$3{,}0 \pm 0{,}1$

entspricht. Im Fall der internen Druckentlastung entsprechen sich die Schlussfolgerungen aus dem Maximaldruck und aus der MAR, da aus beiden eine Reduktion der Materialbelastung aufgrund der Oberflächenvergrößerung folgt.

Durch die Nutzung einer internen Druckentlastung kann erfolgreich sowohl die mechanische als auch die thermische Materialbelastung signifikant reduziert werden, wodurch die Sicherheit der druckfesten Kapselung verbessert wird. Eine solche Form der Druckreduktion bietet aus diesem Grund Möglichkeiten zur Verkleinerung des freien Gasvolumens, ohne dass dadurch ein Risiko für die

Tabelle 4.14
Maximaldruck p_{max} und
Kenngrößen des TR bei
interner Druckentlastung

Bez.	p_{max} / bar	DAZ / ms	MAR / bar $\cdot$ s^{-1}
AV-18-38*	$5,8 \pm 0,9$	121 ± 30	75 ± 9
AV-275-37	$3,0 \pm 0,1$	117 ± 33	44 ± 22

Umgebung durch unzulässig hohe Drücke oder Temperaturen entstünde. Eine Verkleinerung der Kapselung würde des Weiteren zur Einsparung von Gewicht oder Material führen. Es muss allerdings bei dem Einsatz einer solchen Druckentlastungsvariante beachtet werden, dass hinreichend Platz im Gehäuse vorhanden sein muss, um die Oberfläche ausreichend zu erhöhen und zeitgleich zu gewährleisten, dass die Oberflächentemperatur der Gehäuseaußenwand die zulässigen Grenzwerte nicht überschreitet. Aus diesem Grund kann das Gehäusevolumen mit der hier vorgestellten Methode nicht beliebig stark verkleinert werden.

4.3.2 Druckentlastung durch Leckage

Auch durch Undichtigkeiten, welche insbesondere am Deckelflansch sowie zum Teil den Kabeldurchführungen auftreten, kommt es zu einer Druckverringerung aufgrund des Massenverlusts an die Peripherie. Leckage tritt auf, sobald der Umgebungsdruck im Gehäuseinneren den Atmosphärendruck überschreitet und nimmt umso größere Werte an, je höher der Maximaldruck wird. Für das genutzte Versuchsgehäuse stehen zwei Gehäusedeckel unterschiedlicher Dichtigkeit zur Verfügung. Da die Ringdichtung am Flansch nicht verändert wurde, ist die Dichtigkeit das Ergebnis des Werkstoffs, aus dem der Deckel besteht. Zum Einsatz kommt Edelstahl bzw. Aluminium. Die Daten des Vergleichs anhand der Versuchskonfiguration AV-18-38 bzw. AV-18-38* sind in Tabelle 4.15 zu finden.

Tabelle 4.15 Versuchsdaten des Vergleichs zweier Deckel verschiedener Dichtigkeit

Bez.	Deckel	E_S / kJ	$\dot{Q}_{Leck}$ / kW	p_{max} / bar	DAZ / ms
AV-18-38	Edelstahl	14 ± 5	$0,13 \pm 0,02$	$5,3 \pm 0,4$	113 ± 16
AV-18-38*	Aluminium	17 ± 3	$0,08 \pm 0,02$	$5,9 \pm 0,9$	121 ± 30

* Nutzung des dichteren Aluminiumdeckels

Im Vergleich zu AV-18-38* kommt es bei AV-18-38 zu einer um 57 % erhöhten Leckagerate. Durch den höheren Massenverlust kann der Druck im Gehäuseinneren schlechter erhalten werden, sodass eine Druckverringerung um

9 % beobachtet werden kann. Diese ist in Abbildung 4.22 dargestellt. Wie in den Abschnitten 4.1.4, 4.2.4 und 4.3.1 festgestellt, geht die Druckverringerung mit einer Verringerung der Systemenergie um 18 % einher. Durch den niedrigeren Druck verkürzt sich zudem die DAZ, was zu einem geringen Anstieg der MAR führt. Aufgrund der großen Messunsicherheiten kann über das Verhalten von DAZ und infolgedessen MAR allerdings keine klare Aussage getroffen werden, weshalb die Daten nicht näher beleuchtet werden.

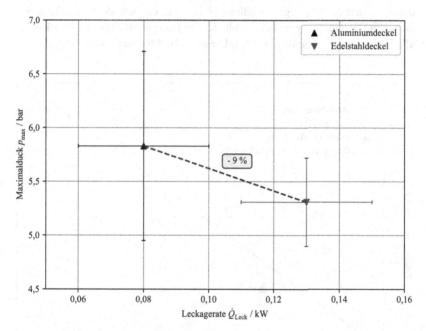

Abbildung 4.22 Maximaldruck p_{max} in Abhängigkeit von der Leckagerate $\dot{Q}_{Leck}$ des Aluminium- bzw. Edelstahldeckels (▲ bzw. ▼)

Durch das gezielte Einführen von Undichtigkeiten im System kann eine Form der Druckentlastung und somit eine Verringerung der Materialbelastung vorgenommen werden. Dieses Konzept der Druckentlastung durch Öffnungen an die Umgebung wird bereits genutzt [25, 101]. Im vorliegenden Fall fällt diese Druckentlastung gering aus. In Anbetracht der Tatsache, dass es sich hierbei allerdings um keine beabsichtigte Druckentlastung, sondern die Neigung druckfester

Kapselungen zur Ausbildung kleiner Leckagen handelt, ist die Abweichung dennoch nicht zu vernachlässigen. Bei der Untersuchung von Explosionsdrücken in solchen Gehäusen sollte deshalb auf mögliche Undichtigkeiten geachtet werden.

4.4   Überblick über alle Versuchsergebnisse

Anhand der relativen Druckenergie $E_{D,rel.}$ (vgl. Gleichung (2.18), $\Delta p \cdot V$) und der Systemenergie E_S (vgl. Gleichung (3.1)) kann ein abschließender Vergleich zwischen Energieeintrag und der resultierenden Energie aufgrund des Drucks über alle Versuche vorgenommen werden. Dieser ist in Abbildung 4.23 dargestellt.

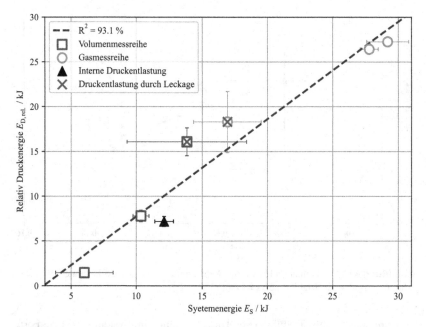

Abbildung 4.23 Übersicht über die relative Druckenergie $E_{D,rel.}$ aller Versuche in Abhängigkeit von der Systemenergie E_S. Alle Messreihen sind separat markiert

Wie zu erkennen ist, herrscht zwischen der Systemenergie und der relativen Druckenergie unabhängig von der Messreihe eine lineare Abhängigkeit. Eine hohe Systemenergie zieht eine hohe relative Druckenergie und eine hohe

Materialbelastung nach sich. Die kleinsten Werte werden für die Versuchskonfiguration AV-339-5 erreicht, wohingegen die größten Werte durch die zusätzliche Bereitstellung einer Brenngas-Luft-Atmosphäre (insb. C_3H_8) entstehen. Insgesamt steigt die Systemenergie zwischen diesen Grenzen um fast 400 % (ca. 25 kJ), was einen Anstieg der relativen Druckenergie von knapp 2000 % und ebenfalls ca. 25 kJ zur Folge hat. Anhand von Abbildung 4.23 kann die Gültigkeit der Datenauswertung auf Basis der Systemenergie, wie sie im Rahmen dieser Arbeit entwickelt wurde, für verschiedenste Versuchsszenarien nachgewiesen werden. Eine Betrachtung der Systemenergie ermöglicht es demnach, diverse Rahmenbedingungen miteinander in Beziehung setzen zu können.

Zusammenfassung und Ausblick 5

Der TR von LIB stellt ein vielfach untersuchtes Thema dar. Auftretende Materialbelastungen dynamischer und statischer Natur sowie diverse Einflussfaktoren ausgehend von der LIB selbst und dem Versuchsgehäuse wurden bereits untersucht. Die Auswirkungen einer Volumenvergrößerung bei großen Gehäusevolumina wurde bisher allerdings nicht eingehend beleuchtet. Auch wird das erhöhte Risiko des TR einer LIB bei Anwesenheit einer explosionsfähigen Atmosphäre zwar thematisiert, aber kaum experimentell untersucht. Des Weiteren ist unbekannt, ob der Einsatz konstruktiver Maßnahmen zur Druckentlastung auch für den TR einer LIB das Potential einer Druckreduktion birgt. Aus diesem Grund wurden im Zuge dieser Arbeit folgende Einflussfaktoren auf die Materialbelastung durch den TR untersucht: Die Variation des freien Volumens je Zellvolumen, die Zusammensetzung der Gasatmosphäre und der Einsatz von Druckentlastungselementen. Im Fokus stand die Variation der Materialbelastung, welche anhand des statischen Drucks, der Materialdehnung und Energieeintrag sowie -verlust beurteilt wurde. Der TR im Versuchsgehäuse „CUBEx" (vgl. Abschnitt 3.1.1) wurde ausschließlich durch Überhitzung ausgelöst.

Die Verkleinerung des freien Volumens von AV-18–38 zu AV-339–5 durch das Hinzufügen von Aluminiumbauteilen führte zunächst zu einem im Vergleich zu Literaturdaten nach Dubaniewicz et al. gegenteiligen Verhalten, da der erreichte Druck mit sinkendem Volumen abfiel [19]. Dies konnte auf die Antiproportionalität von Gehäusevolumen zu innerer Oberfläche zurückgeführt werden. Aufgrund der steigenden inneren Oberfläche kam es zu einer Vergrößerung des Wärmeübergangs und somit der Verlustleistung, wodurch die im System verbleibende Energie verringert wurde. Da sich diese direkt proportional zum Druck verhielt,

F. G. Daragan, *Thermal Runaway von Lithium-Ionen-Batterien*, BestMasters, https://doi.org/10.1007/978-3-658-47106-4_5

83

ist die geringste Systemenergie gleichbedeutend mit der geringsten mechanischen Materialbelastung, welche im Fall des kleinsten Volumens AV-339–5 auftrat. Aus der DAZ, MAR und dem K_G-Faktor folgt hingegen die höchste Materialbelastung für die Konfiguration AV-339–5, womit sich aus dem Druck und diesen Kenngrößen eine gegenteilige Interpretation ausbildet. Mit Hilfe der Dehnungswerte konnten die Druckwerte jedoch verifiziert werden, sodass eine Beurteilung anhand dieser Größe für den TR sinnvoller erscheint. Auch die TNT-Äquivalente aus Temperatur und Druck fielen mit steigendem Volumen und sinkender Oberfläche umso größer aus. Es konnte demnach geschlussfolgert werden, dass sowohl die mechanische als auch die thermische Materialbelastung mit steigendem Volumen zunimmt, sofern dies mit einer Verringerung der inneren Oberfläche einhergeht. Durch die Verachtfachung des Gehäusevolumens von AV-339–5 auf AV-18–38 und gleichzeitige Reduktion der inneren Oberfläche um 57 %, kam es zu einem Anstieg des Drucks und somit der Materialbelastung um 29 %.

Durch das Hinzufügen einer Brenngas-Luft-Atmosphäre (Versuchskonfiguration: AV-18–38 bzw. -38*) wurden unabhängig vom Brenngas höhere Materialbelastungen durch die Kombination aus TR und Gasexplosion erreicht, als ausschließlich durch den TR in Luftatmosphäre. Der höchste Druck wurde durch die Zugabe von C_3H_8 (G-C_3H_8) aufgrund des Energiegehalts des Brenngases erreicht, wohingegen G-Luft die niedrigsten Werte erzeugte. Entgegen dieser Schlussfolgerung ergeben DAZ und MAR die höchste Materialbelastung für G-H_2. Auch innerhalb der Gasmessreihe erscheint die Beurteilung der Materialbelastung anhand des Drucks aufgrund der Dehnungswerte sinnvoller, sodass G-C_3H_8 zur höchsten mechanischen Belastung führt. Das wird durch die Werte des druckabhängigen TNT-Äquivalents bestätigt. Anhand der temperaturabhängigen TNT-Äquivalente kommt es zur höchsten thermischen Materialbelastung jedoch für G-Luft. Aufgrund der Messunsicherheit stellt das Verhalten der thermischen Materialbelastung nur eine Vermutung dar. Durch die Gegenüberstellung mit Vergleichsversuchen ohne TR (V-xx) konnte nachgewiesen werden, dass der zusätzliche TR unabhängig vom Brenngas zu einer geringen Erhöhung des Drucks führte (11 % für H_2 bzw. 5 % für C_3H_8). Hinsichtlich der DAZ und MAR konnten für H_2 kaum Unterschiede festgestellt werden, wohingegen der Vergleich von G- und V-C_3H_8 eine Verringerung der DAZ und Erhöhung der MAR durch den TR aufzeigte. Hieran konnte festgestellt werden, dass der Einfluss des TR zunimmt, je länger der Druckanstieg andauert.

Auch der Einsatz von Streckgittern zur internen Druckentlastung konnte im Zuge dieser Arbeit erfolgreich umgesetzt werden. Durch die Vergrößerung der Oberfläche zwischen AV-18–38* zu AV-275–37 um den Faktor 15 konnte der entstehende Druck bzw. die mechanische Materialbelastung um 49 % reduziert werden. Dies wurde begleitet von einem Absinken der Systemenergie um 28 %. Als Grund wurde der Anstieg der Verlustleistung um 449 % identifiziert. Auf die DAZ hatte der Einsatz der internen Druckentlastung kaum einen Einfluss, führte aber zu einem Absinken der MAR um 41 %. Diese Form der Druckentlastung durch die Erhöhung der inneren Oberfläche eignet sich demzufolge bei dem Vorgang des TR für eine Druckreduktion. Gleichermaßen führt der ungewollte Masseverlust an die Peripherie durch Leckagen zu einer Druckentlastung. Der Anstieg der Leckagerate um 57 % durch die Variation des Gehäusedeckels bewirkte eine Druckverringerung um 9 %.

Über alle Versuche hinweg zeigte sich ein linearer Zusammenhang zwischen der Systemenergie und der erreichten Materialbelastung, repräsentiert durch die relative Druckenergie. Je höher die Energie des Systems demnach war, desto schärfer fiel die Materialbelastung aus.

Um den Zusammenhang zwischen der Systemenergie und der resultierenden Materialbelastung zukünftig genauer beurteilen zu können, bedarf es einer auf das System zugeschnittenen Bestimmung der energetischen Größen, da es mit den hier vorgestellten Methoden zu einer Überschätzung der Wärmeleitungsströme sowie der durch die Zelle freiwerdenden Energie und einer Unterschätzung des konvektiven Übergangs kommt. Für die Quantifizierung der Wärmeströme könnten Wärmestromsensoren anstelle der Einzeltemperaturen eingesetzt werden, wie es in Versuchen nach Krause et al. demonstriert wurde [102]. Ist dies nicht möglich, sollte eine zeitaufgelöste Betrachtung der Wärmeströme durch Leitung und Konvektion unter instationären Bedingungen und in Abhängigkeit von der Raumrichtung durchgeführt werden. Gleichermaßen sollte eine zeitaufgelöste Betrachtung der Leckagerate erfolgen, sodass der Druckverlust aufgrund des Massenverlusts präziser quantifiziert werden kann. Des Weiteren könnte eine Simulation der vorliegenden Versuchsdaten eine theoretische Grundlage bilden, auf Basis derer die experimentell ermittelte Materialbelastung präziser erklärt und vorhergesagt werden kann.

Da sich zudem die Fähigkeit der inneren Oberfläche zur Druckentlastung hat demonstrieren lassen, stellt sich die Frage, ob ein kritisches Volumen existiert, ab dessen Größe eine effektive interne Druckentlastung nicht mehr möglich ist und es zu einer Beschädigung der druckfesten Kapselung kommt. Durch eine Volumenverkleinerung könnte Material und Platz gespart werden, sodass eine druckfeste Kapselung ggf. flexibler einsetzbar wäre. Auch weitere Anforderungen an die druckfeste Kapselung durch Phänomene wie das bei Gasexplosionen bekannte Pressure Piling (PP) sollten Berücksichtigung finden. PP führt zu einer überhöhten Beanspruchung durch Druckspitzen. Unklar ist jedoch, ob ein Auslösen von PP durch den TR möglich ist und wie in diesem Fall die Materialbelastung beeinflusst wird.

Literaturverzeichnis

1. Doose, S., Hahn, A., Bredekamp, M., Haselrieder, W., Kwade, A., Scaling Methodology to Describe the Capacity Dependent Responses During Thermal Runaway of Lithium-Ion Batteries, Batteries & Supercaps 5 (2022), https://doi.org/10.1002/batt.202200060.
2. Jhu, C.-Y., Wang, Y.-W., Wen, C.-Y., Shu, C.-M., Thermal runaway potential of LiCoO2 and Li(Ni1/3Co1/3Mn1/3)O2 batteries determined with adiabatic calorimetry methodology, Applied Energy 100 (2012) 127–131, https://doi.org/10.1016/j.apenergy.2012.05.064.
3. Ohneseit, S., Finster, P., Floras, C., Lubenau, N., Uhlmann, N., Seifert, H.-J., Ziebert, C., Thermal and Mechanical Safety Assessment of Type 21700 Lithium-Ion Batteries with NMC, NCA and LFP Cathodes–Investigation of Cell Abuse by Means of Accelerating Rate Calorimetry (ARC), Batteries 9 (2023) 237, https://doi.org/10.3390/batteries9050237.
4. Dorrman, L., Sann-Ferro, K., Heininger, P., Mähliß, J., Kompendium: Li-Ionen-Batterien: Grundlagen, Merkmale, Gesetze und Normen (2021).
5. Baschke, D., Opferkuch, F., Smart City Energy Systems: Thermomanagement von Lithium-Ionen-Batterien (2018).
6. Meier, R. J., Kennedy, P. M., Lithium Ion Batteries more dangerous or just more common?: And a Simple Analysis to Narrow the Possible Failure Modes, The International Symposium on Fire Investigation Science (2016).
7. F. Larsson, Lithium-ion Battery Safety: Assessment by Abuse Testing, Fluoride Gas Emissions and Fire Propagation, Dissertation, Chalmers tekniska högskola, Göteborg (2017).
8. International Association of fire and rescue services, Starke Zunahme von Bränden im Zusammenhang mit Lithiumbatterien in den letzten 6 Jahren, 2022. https://www.ctif.org/de/news/starke-zunahme-von-braenden-im-zusammenhang-mit-lithiumbatterien-den-letzten-6-jahren (aufgerufen am: 13.10.2023 um 13:07 Uhr)
9. Bundesverband Technischer Brandschutz e. V., Fokus: Branschutz bei Lithium-Ionen-Batterien, BranschutzKompakt 60 (2018).

10. Ruiz, V., Pfrang, A., JRC exploratory research: safer Li-ion batteries by preventing thermal propagation: Workshop report: summary & outcomes (JRC Petten, Netherlands, 8–9 March 2018), Publications Office of the European Union, Luxembourg, JRC113320 (2018), https://doi.org/10.2760/096975.

11. Zhao, J., Lu, S., Fu, Y., Ma, W., Cheng, Y., Zhang, H., Experimental study on thermal runaway behaviors of 18650 li-ion battery under enclosed and ventilated conditions, Fire Safety Journal 125 (2021) 103417, https://doi.org/10.1016/j.firesaf.2021.103417.

12. Essl, C., Golubkov, A. W., Fuchs, A., Comparing Different Thermal Runaway Triggers for Two Automotive Lithium-Ion Battery Cell Types, J. Electrochem. Soc., 167 (2020) 130542, https://doi.org/10.1149/1945-7111/abbe5a.

13. R. Korthauer (Hg.), Handbuch Lithium-Ionen-Batterien, Springer-Verlag Berlin Heidelberg, Berlin, Heidelberg (2013).

14. Thaler, A., Watzenig, D., Automotive Battery Technology, Springer International Publishing, Cham (2014).

15. Dubaniewicz, T. H., DuCarme, J. P., Further study of the intrinsic safety of internally shorted lithium and lithium-ion cells within methane-air, Journal of Loss Prevention in the Process Industries 32 (2014) 165–173, https://doi.org/10.1016/j.jlp.2014.09.002.

16. Dubaniewicz, T. H., DuCarme, J. P., Are lithium ion cells Intrinsically Safe?, IEEE Transactions on Industry Applications 6 (2013) 1–10, https://doi.org/10.1109/IAS.2012.6374075.

17. International Electrotechnical Commision and others, IEC 60079–0: Explosive Atmospheres – Part 0: Equipment – General requirements (2017).

18. International Electrotechnical Commision, IEC 60079–1.: Explosive Atmospheres – Part 1: Equipment Protection By Flame Proof Enclosures "d". (2014).

19. Dubaniewicz, T. H., Barone, T. L., Brown, C. B., Thomas, R. A., Comparison of thermal runaway pressures within sealed enclosures for nickel manganese cobalt and iron phosphate cathode lithium-ion cells, Journal of Loss Prevention in the Process Industries 76 (2022) 104739, https://doi.org/10.1016/j.jlp.2022.104739.

20. Spörhase, S., Brombach, F. M., Eckhardt, F., Krause, T., Markus, D., Küstner, B., Walch, O., Untersuchungen zur Vergleichbarkeit der statischen und dynamischen Überdruckprüfung von druckfesten Kapselungen, Forsch Ingenieurwesen (2022), https://doi.org/10.1007/s10010-022-00604-z.

21. Brökel, K., Grote, K.-H., Stelzer, R., Rieg, F., Feldhusen, J., Müller, N., Köhler, P. (Hg), Tagungsband: 15. Gemeinsames Kolloquium Konstruktionstechnik: Interdisziplinäre Produktentwicklung, DuEPublico (2017), https://doi.org/10.17185/duepublico/44616.

22. Brökel, K., Grote, K.-H., Stelzer, R. (Hg.), Tagungsband: 4. Gemeinsames Kolloquium Konstruktionstechnik 2006, Shaker Verlag, Aachen (2006).

23. Dubaniewicz, T. H., Zlochower, I., Barone, T., Thomas, R., Yuan, L., Thermal Runaway Pressures of Iron Phosphate Lithium-Ion Cells as a Function of Free Space Within Sealed Enclosures, Mining, Metallurgy & Exploration 38 (2021) 539–547, https://doi.org/10.1007/s42461-020-00349-9.

24. H. Semrau, EXPRESSURE: Pressure reduction in Ex d (2023).

25. Hornig, J., Markus, D., Thedens, M., Grote, K.-H., Explosionsdruckentlastung durch permeable Werkstoffe (2013), https://doi.org/10.7795/210.20130801M.

26. Lv, Z., Guo, X., Qiu, X.-p., New Li-ion Battery Evaluation Research Based on Thermal Property and Heat Generation Behavior of Battery, Chinese Journal of Chemical Physics 25 (2012) 725–732, https://doi.org/10.1088/1674-0068/25/06/725-732.

27. Al Barazi, S., Bookhagen, B., Osbahr, I., Szurlies, M., Bastian, D., Damm, S., Schmidt, M., Themenheft: Batterierohstoffe für die Elektromobilität, DERA Themenheft (2021).

28. Birke, P., Schiemann, M., Akkumulatoren: Vergangenheit, Gegenwart und Zukunft elektrochemischer Energiespeicher, Herbert Utz Verlag, München (2013).

29. Battery University, BU-402: What Is C-Rate?, unbekannt. https://batteryuniversity. com/article/bu-402-what-is-c-rate (aufgerufen am: 13.10.2023 um 13:07 Uhr)

30. Doose, S., Hahn, A., Fischer, S., Müller, J., Haselrieder, W., Kwade, A., Comparison of the consequences of state of charge and state of health on the thermal runaway behavior of lithium ion batteries, Journal of Energy Storage 62 (2023) 106837, https://doi.org/ 10.1016/j.est.2023.106837.

31. A. M. Vinicius, Constant-Temperature Constant-Voltage Charging Method for Lithium-ion Battery Technology, Masterarbeit, Ontario Institute of Technology, Ontario Tech University, Ontario (2020).

32. Baehr, H. D., Kabelac, S. (Hg.), Thermodynamik: Grundlagen und technische Anwendungen, 16. Aufl. Springer Vieweg, Berlin (2016).

33. W. Bartknecht, Explosionen – Ablauf und Schutzmaßnahmen, 2. Aufl. Springer-Verlag Berlin Heidelberg, Berlin, Heidelberg (1980).

34. Hirsch, W., Brandes, E., Sicherheitstechnische Kenngrössen bei nichtatmosphärischen Bedingungen – Gase und Dämpfe (2014).

35. Golubkov, A. W., Scheikl, S., Planteu, R., Voitic, G., Wiltsche, H., Stangl, C., Fauler, G., Thaler, A., Hacker, V., Thermal runaway of commercial 18650 Li-ion batteries with LFP and NCA cathodes – impact of state of charge and overcharge, RSC Adv. 5 (2015) 57171–57186, https://doi.org/10.1039/C5RA05897J.

36. Feng, X., Ouyang, M., Liu, X., Lu, L., Xia, Y., He, X., Thermal runaway mechanism of lithium ion battery for electric vehicles: A review, Energy Storage Materials 10 (2018) 246–267, https://doi.org/10.1016/j.ensm.2017.05.013.

37. Krause, T., Bewersdorff, J., Markus, D., Investigations of static and dynamic stresses of flameproof enclosures, Journal of Loss Prevention in the Process Industries 49 (2017) 775–784, https://doi.org/10.1016/j.jlp.2017.04.015.

38. R. STAHL AG, EX d-Schaltschränke EXpressure, unbekannt. https://r-stahl.com/ de/global/branchen/innovationen/expressure-ex-d-schaltschraenke/ (aufgerufen am: 09.10.2023 um 15:08 Uhr).

39. Physikalisch-Technische Bundesanstalt (PTB), Braunschweig und Berlin, PTB-Mitteilungen: Themenschwerpunkt Physikalisch-Chemische Sicherheitstechnik und Explosionsschutz 121 (2011).

40. Große Bley, W., Schröder, G., Wie dicht ist dicht oder: suchst Du noch oder misst Du schon? (2007).

41. KVS Vakuum- und Lecksuchtechnik, Druckänderungsverfahren (unbekannt).

42. H. Steen (Hg.), Handbuch des Explosionsschutzes, 1. Aufl. WILEY-VCH Verlag GmbH (2000).

43. Incropera, F. P., Dewitt, D. P., Bergman, T. L., Lavine, A. S., Fundamentals of heat and mass transfer, 6. Aufl. John Wiley, Hoboken NJ (2007).

44. H. Ebert (Hg.), Physikalisches Taschenbuch, 5. Aufl. Braunschweig: Vieweg+Teubner Verlag, Braunschweig (1978).

45. Liu, X., Wu, Z., Stoliarov, S. I., Denlinger, M., Masias, A., Snyder, K., Heat release during thermally-induced failure of a lithium ion battery: Impact of cathode composition, Fire Safety Journal 85 (2016) 10–22, https://doi.org/10.1016/j.firesaf.2016.08.001.

46. Jiang, K., Gu, P., Huang, P., Zhang, Y., Duan, B., Zhang, C., The Hazards Analysis of Nickel-Rich Lithium-Ion Battery Thermal Runaway under Different States of Charge, Electronics 10 (2021) 2376, https://doi.org/10.3390/electronics10192376.

47. Lu, T.-Y., Chiang, C.-C., Wu, S.-H., Chen, K.-C., Lin, S.-J., Wen, C.-Y., Shu, C.-M., Thermal hazard evaluations of 18650 lithiumion batteries by an adiabatic calorimeter, J Therm Anal Calorim 114 (2013) 1083–1088, https://doi.org/10.1007/s10973-013-3137-9.

48. López, E., Rengel, R., Mair, G. W., Isorna, F., Analysis of high-pressure hydrogen and natural gas cylinders explosions through TNT equivalent method, V Iberian Symposium on Hydrogen, Fuel Cells and Advanced Batteries, Spanien (2015), https://doi.org/10.13140/RG.2.1.2336.8401.

49. Chi, M., Jiang, H., Lan, X., Xu, T., Jiang, Y., Study on Overpressure Propagation Law of Vapor Cloud Explosion under Different Building Layouts, ACS omega 6 (2021) 34003–34020, https://doi.org/10.1021/acsomega.1c05332.

50. J. Casal, Evaluation of the Effects and Consequences of Major Accidents in Industrial Plants: Chapter 4 Vapour Cloud Explosions, 8. Aufl. Elsevier Ltd. (2008).

51. Lu, T.-Y., Chiang, C.-C., Wu, S.-H., Chen, K.-C., Lin, S.-J., Wen, C.-W., Shu, C.-M., Thermal hazard evaluations of 18650 lithiumion batteries by an adiabatic calorimeter, J Therm Anal Calorim 114 (2013) 1083–1088, https://doi.org/10.1007/s10973-013-3137-9.

52. T. Blankenhagel, Ermittlung thermischer Sicherheitsabstände für Feuerbälle organischer Peroxide: Experimentelle Untersuchungen und CFD-Simulationen, Dissertation, Otto-von-Guericke-Universität Magdeburg, Magdeburg (2019).

53. A. Esderts (Hg.), Bauteilprüfung – Skript zur Vorlesung, Institut für Maschinelle Anlagentechnik und Betriebsfestigkeit, Technische Universität Clausthal (2017).

54. Baumer GmbH, Begriffe/Erklärungen DMS (unbekannt).

55. Hottinger Brüel & Kjaer GmbH, RY: Dehnungsmessstreifen-Rosetten mit 3 Messgittern zur Analyse zweiachsiger Spannungszustände mit unbekannten Hauptspannungsirchtungen, unbekannt. https://www.hbm.com/de/3445/ry-dehnungsmessstreifen-rosetten-mit-3-messgittern (aufgerufen am: 01.10.2023 um 17:30 Uhr).

56. STS Sensor Technik Sirnach AG, Elektrische Druckmessung auf piezoresistiver Basis (2016).

57. ARGO-HYTOS Group AG, Was macht ein Drucksensor und welche Arten gibt es?, unbekannt. https://www.argo-hytos.com/de/news/produkt-news/product-news-view/what-does-a-pressure-sensor-do-and-what-types-are-there (aufgerufen am: 18.10.2023 um 12:01 Uhr).

58. M. Bäker (Hg.), Funktionswerkstoffe: Physikalische Grundlagen und Prinzipien, 1. Aufl. Springer Fachmedien Wiesbaden, Wiesbaden (2014).

59. Spicher, U., Bertola, A., Brechbühl, S., Höwing, J., Walther, T., Wolfer, P., Rothe, M., Druckindizierung bei klopfender Verbrennung, in Beiträge / 7. Internationales Symposium für Verbrennungsdiagnostik, Ziegler, P. (Hg.), AVL Deutschland, Baden-Baden (2006).

60. Golubkov, A. W., Fuchs, D., Wagner, J., Wiltsche, H., Stangl, C., Fauler, G., Voitic, G., Thaler, A., Hacker, V., Thermal-runaway experiments on consumer Li-ion batteries with metal-oxide and olivin-type cathodes, RSC Adv 4 (2014) 3633–3642, https://doi.org/10.1039/C3RA45748F.

61. Mendoza-Hernandez, O. S., Ishikawa, H., Nishikawa, Y., Maruyama, Y., Umeda, M., Cathode material comparison of thermal runaway behavior of Li-ion cells at different state of charges including over charge, Journal of Power Sources 280 (2015) 499–504, https://doi.org/10.1016/j.jpowsour.2015.01.143.

62. Feng, X., Lu, L., Ouyang, M., Li, J., He, X., A 3D thermal runaway propagation model for a large format lithium ion battery module, Energy 115 (2016) 194–208, https://doi.org/10.1016/j.energy.2016.08.094.

63. Xu, B., Lee, J., Kwon, D., Kong, L., Pecht, M., Mitigation strategies for Li-ion battery thermal runaway: A review, Renewable and Sustainable Energy Reviews 150 (2021) 111437, https://doi.org/10.1016/j.rser.2021.111437.

64. García, A., Monsalve-Serrano, J., Sari, R. L., Martinez-Boggio, S., Influence of environmental conditions in the battery thermal runaway process of different chemistries: Thermodynamic and optical assessment, International Journal of Heat and Mass Transfer 184 (2022) 122381, https://doi.org/10.1016/j.ijheatmasstransfer.2021.122381.

65. Yayathi, S., Walker, W., Dougty, D., Ardebili, H., Energy distributions exhibited during thermal runaway of commercial lithium ion batteries used for human spaceflight applications, Journal of Power Sources 329 (2016) 197–206, https://doi.org/10.1016/j.jpowsour.2016.08.078.

66. Tang, W., Tam, W. C., Yuan, L., Dubaniewicz, T., Thomas, R., Soles, J., Estimation of the critical external heat leading to the failure of lithiumion batteries, Applied thermal engineering 179 (2020), https://doi.org/10.1016/j.applthermaleng.2020.115665.

67. F. G. Daragan, Analyse der Materialbeanspruchung Druckfester Kapselungen während des Thermal Runaways von Lithium-Ionen-Batterien, Studienarbeit, Institut für Partikeltechnik, Technische Universität Braunschweig, Braunschweig (2023).

68. Dubaniewicz, T. H., DuCarme, J. P., Internal short circuit and accelerated rate calorimetry tests of lithiumion cells: Considerations for methane-air intrinsic safety and explosion proof/flameproof protection methods, Journal of Loss Prevention in the Process Industries 43 (2016) 575–584, https://doi.org/10.1016/j.jlp.2016.07.027.

69. B. Limbacher, Werkstoffe des Expressure- und CUBEx-Gehäuses (Reihe 8280, 8264), E-Mail, Braunschweig (2023).

70. J. Grimm, Technische Spezifikation der Aluminiumbauteile, E-Mail, Braunschweig (2023).

71. R. STAHL AG, Projektmeeting Bericht vom 02.05.2023 (2023).

72. R. STAHL AG, Ex d Enclosure System Made of Light Metal or Stainless Steel, "Flameproof Enclosure": Series 8264 CUBEx (2015).

73. B. Limbacher, Unsicherheiten des Volumens der Versuchsgehäuses Reihe 8264/*323–2 (CUBEx), E-Mail, Braunschweig (2023).

74. B. Limbacher, Material der Flanschdichtung des Versuchsgehäuses Reihe 8264/*323–2 (CUBEx), E-Mail, Braunschweig (2023).
75. LG Chem, Product Specification Rechargeable Lithium Ion Battery: Model: INR18650HG2 3000mAh (2015).
76. Team Edelstahl GmbH & Co. KG, 1.4404 Werkstoffdatenblatt: X2CrNiMo17–12–2 Austenitischer korrosionsbeständiger Edelstahl (unbekannt).
77. LAMBERT GmbH, Aluminium Werkstoffübersicht: Bleche, Platten, Stangen und Profile (unbekannt).
78. Federal Institute for Materials Research and Testing, Report on the experimentally determined explosion limits, explosion pressures and rates of explosion pressure rise – Part 1: methane, hydrogen and propylene (2006).
79. Database BAM-Project CHEMSAFE, Recommended Safety Characteristics and Classifications of Flammable Gases and Gas Mixtures (2016).
80. Pittam, D. A., Pilcher, G., Measurements of Heats of Combustion by Flame Calorimetry: Part 8. -Methane, Ethane, Propane, n-Butane and 2-Methylpropane, Journal of the Chemical Society, Faraday Transactions 1: Physical Chemistry in Condensed Phases 68 (1972) 2224–2229, https://doi.org/10.1039/F19726802224.
81. Razus, D, Brinzea, V., Mitu, M., Movileanu, C., Oancea, D., Temperature and pressure influence on maximum rates of pressure rise during explosions of propane-air mixtures in a spherical vessel, Journal of hazardous materials 190 (2011) 891–896, https://doi.org/10.1016/j.jhazmat.2011.04.018.
82. Lunn, G. A., Pritchard, D. K., A modification to the KG method for estimating gas and vapour explosion venting requirements, Symposium Series 149 (2003).
83. F. A. Williams, Combustion, in Encyclopedia of Physical Science and Technology, R. A. Meyers (Hg.), 3. Aufl., S. 315–338, Elsevier Science Ltd. (2001).
84. B. Limbacher, Informationen zu Streckmetallen, E-Mail, Braunschweig (2023).
85. B. Limbacher, Aufbau der Streckmetallpakete, E-Mail, Braunschweig (2024).
86. TMS Europe Ltd., Thermocouple Colour Codes & Tolerances, unbekannt. https://tmseurope.co.uk/applications/thermocouple-rtd-colour-codes-tolerances (aufgerufen am: 06.10.2023 um 15:11 Uhr)
87. Yokogawa Test & Measurement Instruments, ScopeCorder: DL750/DL750P/SL1400 (2008).
88. Kistler Gruppe, Datenblatt, Typ 4043A…, 4045A…, 4073A…, 4075A… (unbekannt).
89. Kistler Gruppe, Datenblatt, Typ 5015A… (unbekannt).
90. Kistler Instrumente AG, Data sheet, Type 4603B… (unbekannt).
91. Kistler Instrumente AG, Data sheet, Type 6031 (unbekannt).
92. RS Pro, Datasheet: Type K 1/0.711 High Temperatures Glassfibre Twin Twisted Fibreglass Thermocouple Cable / Wire (ANSI) – 100m (unbekannt).
93. Keysight Technologies, Inc., Technical Overview 34970A Data Acquisition/Switch Unit Family: 34970A 34972A (2020).
94. M. Shields, Messunsicherheit des Massendurchflussreglers, E-Mail, Braunschweig (2023).
95. Mallick, S., Gayen, D., Thermal behaviour and thermal runaway propagation in lithium-ion battery systems – A critical review, Journal of Energy Storage 62 (2023) 106894, https://doi.org/10.1016/j.est.2023.106894.

96. Scheller, G., Krummeck, S., Messunsicherheit einer Temperaturmesskette: Mit Bei-spielrechnungen, Fulda, JUMO (2003).

97. P. Planing. 11. Z-Test/Gaußtest, unbekannt. https://statistikgrundlagen.de/ebook/cha pter/z-test-gausstest/ (aufgerufen am: 06.10.2023 um 09:00 Uhr)

98. P. Planing. 6. Z-Standardisierung, unbekannt. https://statistikgrundlagen.de/ebook/cha pter/z-standardisierung/ (aufgerufen am: 06.10.2023 um 08:41 Uhr)

99. Zhang, Q., Ma, Q., Zhang, B., Approach determining maximum rate of pressure rise for dust explosion, Journal of Loss Prevention in the Process Industries 29 (2014) 8–12, https://doi.org/10.1016/j.jlp.2013.12.002.

100. T. H. Dubaniewicz, Innere Abmaße des experimentellen Aufbaus, E-Mail, Braun-schweig (2023).

101. R. STAHL AG, Explosionsschutz neu erfunden!: Ex d-Schaltschränke EXpres-sure, unbekannt. https://r-stahl.com/de/global/branchen/innovationen/expressure-ex-d-schaltschraenke/ (aufgerufen am: 22.01.2024 um 13:30 Uhr)

102. Krause, T., Meier, M., Brunzendorf, J., Influence of thermal shock of piezoelectric pressure sensors on the measurement of explosion pressures, Journal of Loss Preven-tion in the Process Industries 71 (2021) 104523, https://doi.org/10.1016/j.jlp.2021. 104523.

Printed in the United States
by Baker & Taylor Publisher Services